Conversations that Make a Difference for Children and Young People

真希望我老师读过这本书

[英] 丽莎 · 彻丽 Lisa Cherry 著　汪梦琦 译

你的学生也会庆幸你读过

Relationship-Focused Practice from the Frontline

中国青年出版社

图书在版编目（CIP）数据

真希望我老师读过这本书：你的学生也会庆幸你读过 / (英) 丽莎・彻丽著；汪梦琦译. -- 北京：中国青年出版社, 2025. 5. -- ISBN 978-7-5153-7743-8

Ⅰ. B844.1

中国国家版本馆CIP数据核字第2025VV3857号

真希望我老师读过这本书：你的学生也会庆幸你读过

作　　者：[英] 丽莎・彻丽
译　　者：汪梦琦
责任编辑：高　凡
美术编辑：佟雪莹
出　　版：中国青年出版社
发　　行：北京中青文文化传媒有限公司
电　　话：010-65511272 / 65516873
公司网址：www.cyb.com.cn
购书网址：zqwts.tmall.com
印　　刷：大厂回族自治县益利印刷有限公司
版　　次：2025年5月第1版
印　　次：2025年5月第1次印刷
开　　本：880mm × 1230mm　1 / 32
字　　数：150千字
印　　张：7.75
京权图字：01-2023-0063
书　　号：ISBN 978-7-5153-7743-8
定　　价：49.90元

多方赞誉

本书文笔优美、通俗易懂，术语不多，体现出作者的深思熟虑，极其精彩地揭示了人际关系的力量。本书提及了一系列来自不同领域的人之间的对话，呈现出这些对话的诗意。每次对话都蕴含丰富哲理、发人深省，生动展现出对话者的经历与故事。紧接着，丽莎会以一些典型问题结束每一部分的对话，而这些问题则可以成为读者进一步学习该主题的跳板。阅读本书欢乐多多，不容错过！

——凯伦·特雷斯曼——

（Karen Treisman）博士

临床心理学家

在我们很多人受疫情影响，无论是生理还是心理都与他人存在一定距离的当下，本书提醒我们，一些人生最为重要的联系是通过开放的、令人深思的对话而产生的。丽莎以谦逊、开放的态度讲述了有关依恋、逆境与创伤的故事。对话者们展示了一种能够接受成长与学习过程中存在的脆弱性的力量。这些对话告诉我们，去爱和去培育的能力往往会对我们所支持的人产生最重大的影响，这比什么都重要。本书呼吁我们不断去交谈、去感受、去学习。

——克里 · 佩恩——

（Kerry Payne）

幼儿特殊教育需求和障碍专家

若你在做与儿童、青少年相关的工作，想要了解对话的重要性，那么本书则是你的必备书目。本书记录的声音多种多样，但它们又有着共同之处，即都关注着对话能够对儿童及青少年的生活与所获成果产生的巨大影响。作者虽然是以一种通俗易懂的方式介绍了该书涉及的理论视角，以便令更多不同的读者接触到本书，但通过提供一些典型问题与相关辅助读物，她并未丢失“学术”上的细节。

本书的关键信息是“对话很重要”，考虑到这一点，作者和相关贡献者已经用他们的对话让我们知晓，对话在注重人际关系的工作中所体现的价值。

——普洛斯佩拉 · 特达姆——

（Prospera Tedam）博士

安格利亚鲁斯金大学（Anglia Ruskin University）荣誉客座研究员

我很爱这本书！它在各方面都十分精美；通过本书能清楚感

受到作者想表达的内容，其中不仅有她个人的生活体验，还有她在职场上的感受——得益于此，我们从中获取的内容更为丰富。人人都能看懂这本书，它融合了对话、相关指示（以便读者进行延伸阅读）和问题，引发思考，且毫无疑问可以刺激读者产生新的对话。本书也适合孤独的读者，或是读书俱乐部那些希望对儿童生活产生影响的人，就像丽莎·彻丽（Lisa Cherry）本人一样，她一直带着谦卑又独特的决心在做这些。丽莎和对话的供稿人会给大家带来超级精彩的对话盛宴！

——科林·佩蒂格鲁——

（Colin Pettigrew）

儿童、青少年与学校部门董事

真希望我老师读过这本书

在这本独特的书中，国际培训师和顾问丽莎·彻丽邀请了来自教育、社会工作和医疗保健领域的专业人士就影响当今儿童和青少年的一系列相关主题和问题进行对话。

本书分为三个部分，主题分别为依恋、逆境和创伤，该书的每一段讨论都强调着情感和我们作为人类对同情心、同理心和联系的理解。书中对话通过促进不同领域间的合作，探索一系列交叉的主题，带读者踏上一段曲折的旅程，拓展他们的思维深度，反思他们的行为，仔细思考核心信息：每一次互动都可以引发社会变革。

本书呼吁人们付诸行动，也给读者提供了一个机会，让我们可以审视周遭，决定我们想提供怎样的服务、想生活在怎样的社区、想留下怎样的遗产。在这个社会挑战与政治挑战不断涌现的时代，本书将激发针对现行方法和未来职业发展的对话，是每一个从事儿童和青少年相关工作之人的必读佳作。

丽莎·彻丽是顶尖的国际教练与顾问，专门帮助服务弱势儿童和家庭的专业人士了解创伤、康复及复原能力。丽莎在教育及社会护理机构工作了近30年，也与自身的创伤经历战斗了30年。

本书为每一位身处人生的岔路口、试图有所作为的孩子、青少年、成年人所写。愿所有孩子和年轻人都成长为继续有所作为的大人。

目录

序言

对话构筑了我们的思想、心灵、人际关系与人生经历的架构。本书将会向你体现其作用的重要性，还会通过对话的方式，带你穿越到与孩子们合作、能为孩子们做点什么的世界。当然，现在就是开启这段全面且深思熟虑的旅程最重要的时刻。

如果你已经在与经历过童年创伤的人共事，那本书从第一页开始便正合你意。若你打开本书是因为感觉自己不是什么专家但想了解更多，那么本书会以通俗易懂且十分实用的方式为你解答一切。

对话非常重要，而对话的艺术则尤其重要。我们不仅可以通过交谈了解彼此，还可以互相帮助，愈合彼此的伤痛。在我们生活的这个时代，有太多人的童年创伤影响着他们的童年与成年，有太多声音、太多言论，却很少有真正的对话。

书写本书的背景是，社会鼓励全英国各行各业的专业人士了解创伤，这是极其重要的一大发展跨越，也是一个关键时刻，有关人类意识，有关必须抓住的机遇。如果孩子的个人经历中存在家庭中或幼年时期的创伤，他们将会在交友、就学、受治疗（如果他们如此的话）以及在步入更广泛的专业化、社会化环境的过程中面临多重挣扎，除非他们有理解并治愈自己的创伤和帮助他人治愈创伤的能力。了解创伤当然不是假设每个孩子都有创伤，而是要理解，对于每个有创伤的孩子来说，他们是否能克服创伤，或者遭受进一步的阵痛，这是由我们的实践以及实践中发生的对话决定的。

每个童年都是独一无二的，有此觉悟且主动关心每个孩子，这在无论什么时间、什么领域都十分重要。童年从不会被遗忘至脑后，事实上，无论你成年之后长到多少岁，童年永远都是你最为“年长”的一部分。这就是为什么和孩子与成年人好好谈谈他们的童年总是那么重要，本书会让你沉浸其中好好思考这些优质的对话可以是怎样的，又可以造成怎样的影响。

如今全世界的每个家庭、社区和国家都正慢慢从新冠肺炎疫情中恢复过来，我想没有比现在更重要的时刻了，趁此机会，我们应抱着一颗好奇心看待孩子们在居家生活中的个人经历，致力于与他们对话，为每一个孩子构建他们的意义所在，并开始治愈那些需要被治愈的人。

我知道，本书会在我需要它的时刻告诉我，对于那些难以用语言表达的事情，进行深思熟虑的对话是多么重要。我确信它也会让你有如此感受，并真心希望本书能影响到英国各大学校、社区、相互关爱的家庭以及公共服务机构中的对话。

是时候谈谈童年创伤了，不是简单聊聊，而是开启一段真正深入的对话。

凯西 · 埃文斯（Kathy Evans）

英国慈善机构“英格兰儿童”首席执行官

前言

我一直都对对话有着极浓的兴趣，我会与人交谈、倾听对话、为对话创造空间。我在倾听的时候学到的最多，但也不能否认，交谈也是个学习的机会，它提供了空间给我们表达那些经常被遗漏的东西。

在倾听他人的对话时，我们也能学到东西，尤其是在我们“倾身向前”去更近一步了解那些与我们的生活截然不同的人时。进行有意义的、有影响的、能让我们思考与反省的对话是种艺术，我们可能会想，我们是否在某种程度上已经失去了这种艺术。近些年的政治演说似乎依赖于我们不去倾听他人的话语，同时——我们或许会争论——这一程序让人与人之间产生了极具破坏性的鸿沟，也利用了这种鸿沟。

我们的内部结构（神经系统科学）、我们的形体（躯体学）、我们在社会中的人类行为（社会学）、我们作为社会中个体的人类行为（心理学）以及我们理解目的为何物的方式（哲学）均是一个个不同的学科，这些学科结合在一起，让我们能够全面地思考我们是谁、我们如何生活又如何创造变革。本书中的对话跨越不同学科、不同行业、不同意识形态。身为人类，我们混乱不已。我们复杂又混乱，就如我们这些西方人会被两极分化的思维所吸引，这些思维要我们决定自己居于何地、每日跨越怎样的边界。

如果你正在阅读本书，那么我猜你正欲做出成就，且十分关心儿童、青少年以及社会中更广泛的群体。我想你明白孩子会长大成人，而成人也曾是孩子；你也明白正因为有些人不理解这种联系、不理解生命的循环，现有的服务才会呈现出一种割裂感。你也许察觉到了这种割裂感，它给我们这些为人类混乱的现实生活而工作的人带来了巨大挑战。我猜我会想在一个闲散的周六清晨与你共饮咖啡。我理解你，也理解你对人类同胞产生的深切同情。

此刻我就在你面前，呈现给你我的毕生心血，直到最近我才完全明白这是如何发生的。在我开始职业生涯的同时，我也开启了一段从童年创伤中痊愈的私人旅程，我本人、我的职业和我的自我已被一条金线联系在一起，无法分割。这有些类似于日本人修补花瓶所用的金继（kintsukuroi）[1]工艺，它被誉为修补的艺术，认为每件物品都因破损而更加美丽。

近30年来，我一直专注于人类混乱的现实生活；最先是社会工作，而后是教育领域，最近10年则是通过给各个领域提供培训来利用多学科的思维巩固我的作品。最后，社会学、生物学、社会政策、教育学和心理学，加上最近的神经系统科学，以及最新的人际神经生物学紧密相连，共同发挥着作用。

---

[1] 用漆或将漆与金粉等物质混合以修补破损陶器的日本技艺。——译注

正是在这种背景下，我发现自己不仅要从事教育和社会工作，还需负责刑事司法、卫生和义务性服务领域的工作。有关“创伤”和“童年期不良经历”（Adverse Childhood Experiences，ACE）的语言及其所含的全部内容不仅超越了单一学科，还超越了单一领域。更重要的是，它也超越了专业和个人之间的界限，为我们所有人打开了一扇门，让我们了解生活中发生的事情的影响，以及我们如何从这些事情中恢复过来。这让知识不只局限于专业服务，还会存在于不那么正式的地方，那些经历过许多的人们亦能因此了解到它。我和很多人交流过，他们觉得，自己不是某些人行为的受害者，是非常自由的，但仍认为自己处于需要专业人士拯救的境地。清楚自己身上发生了什么，这对我们很重要，也让许多人在恢复的过程中有了自主意识。

能成为这种发展中的对痛苦的科学理解的一部分，我很享受。我的工作地点遍布英国各地，也会去巴基斯坦的拉合尔（Lahore）、伊斯兰堡（Islamabad）和卡拉奇（Karachi），以及芝加哥和美国爱荷华州的锡达拉皮兹（Cedar Rapids）。在这些经历中，我也很难理解人类多样性中的某些方面，但在文氏图[1]的重叠之处有一个美丽的空间，在那里我们所有的“人类品质”（humanness）融为一体，被我们称为“人性”（humanity）。

我把这本书分为三个部分，分别代表幼苗期、生长期和力量

[1] 用来显示元素集合重叠区域的一种图示。——译注

期。每个部分都将以我自己的介绍开始。我将以对依恋的介绍开始第一部分，以对逆境的介绍开始第二部分，以对创伤的介绍开始第三部分。

本书的各个章节将通过与所有与儿童和青少年打交道的行业人士的对话，探索逆境的影响，可以减轻这种影响的方法和策略，以及各服务行业通力合作的机会。

在这本书中，我想带你一起踏上一段旅程，穿越丘陵地带和漫长曲折的道路，创造一个充满反省、思考和谦逊的空间。我只是在与你对话，希望能对你的工作、你的生活以及共同努力的我们产生影响，让我们每天早晨睁开双眼时都怀着能有所作为的动力去生活。

结论部分将总结全书观点，突出我们面临的真正挑战，并串联起本书中心，即我们可以一次次通过互动带来社会变革。

总之，本书是一次行动的号召，也能提供给大家一个机会，去审视自己周围的环境，决定自己想提供怎样的服务、想生活在怎样的社区、想为这个世界留下些什么。

致谢

这本书的灵感来自我在过去30年里以专业身份进行的对话，以及我年轻时身处一个常有阻碍而非帮助的体系中所目睹的个人经历。

本书中的声音创造了一个独特的集合，有助于激发读者去反思自己的思考方式、反思自己认为的思考内容以及认为自己所知的内容。书中人的答案是“是的”，因为他们敢于冒险选择一个需要人人都达到最好的职业，且敢于探索自己在其中的位置。

我感谢每一位在这段旅程中让我有所学、有所成长与了解的人，因为我明白了个人、专业和学术是如何交织在一起的。一路走来，这让我学会了同情、谦逊与优雅，我将永远感激。

本书插图由菲奥娜·霍利迪（Fiona Holiday）提供。

贡献者

萨斯·鲍彻（Sass Boucher）是一名私人诊所的顾问兼心理治疗师。她还是自我关怀心理有限公司（SelfCare Psychology Ltd）的联合创始人，该公司产出博客文章、提供培训，致力于帮助人们更深刻地认识职业创伤和疲劳等概念，这些概念对于那些工作职责就是持续听取人们的创伤与困扰的从业者有所影响。

安迪·布赖尔利（Andi Brierley）是青年司法系统中经验丰富的专家。安迪一直致力于降低离开保育机构的青少年以及受照看儿童的犯罪率。安迪之所以关注起那些身陷囹圄的年轻人，是因为他此前就有照看他人同时因照看而获得疗愈的经历，以及有关违法剥削儿童与拘禁儿童的案例的了解。他是《法官大人：我可以告诉你我的故事吗？》（*Your Honour: Can I tell You My Story?*）一书的作者。

雅默尔·卡尔利（Jamel Carly）是一位早教工作者、早教顾问，也是很有抱负的儿童作家。他在该行业工作已逾18年。他虽专攻早教，但也在青少年俱乐部、学校工作，是许多人的导师，还会资助有特殊教育需求和残疾的儿童。雅默尔是英国早教机构“早教中的男性”（Men in the Early Years）的支持者/代表人物之一。身为顾问，他曾在众多平台担任主题演讲嘉宾，并与许多备受尊敬的早教专业人士和顾问合作。他强调男性参与早教的重要性，以及拥有平衡且多样包容的工作队伍、课程和教学法的重要性。

劳拉·德文尼（Laura Devennie）是老虎培训公司和摇篮曲巷幼教中心的公司董事。自2002年以来，她一直在老虎培训公司工作，担任各种职务。劳拉为对商业感兴趣的人提供一些实习机会，以帮助他们提升就业能力。除此之外，劳拉还有着极佳的团队领导力，是“振奋人心的女性领导者”（Inspiring Women in Leadership，IWiL）团队导师。这与劳拉帮助人们开发无限潜力的热情相呼应。

苏菲·吉尔伯特（Sophie Gilbert）是一位经验丰富的社会工作者，从业超过10年，英国国家评估和认证系统（NAAS）认证的实践督导员。苏菲曾在多个不同的社会工作环境和服务机构中工作，囊括一线保障团队与多机构保护中心，专注于有关家庭暴力受害者的工作。

自2019年以来，苏菲一直担任欧洲最大的地方当局的NAAS统筹者，发起NAAS准备研讨会、对评估工具进行修正并支持候选人通过认证。作为这种社会工作实践新方法的一部分，苏菲已经能够进一步激发自身热情，去学习如何改善儿童与家庭相关工作的成果，她也已发现这种新方法正在激发从业者的动力与信心。

菲奥娜·霍利迪（Fiona Holiday）是一位玩乐和创意艺术治疗师，十分推崇玩乐在促进幸福感提升、身心发展方面的力量。她还通过自己的公司“联结工作”（Connection Works）为学前教育机构、学校和其他与儿童和家庭合作的组织提供演讲、培训和咨询服务。

安吉拉·亨特（Angela Hunt）曾是一名护士，拥有30余年领导健康和社会护理服务的经验。她是英格兰东南部一家寄养机构的首席执行官，并在英国各地的服务部门担任过各种董事职务。

安吉拉之所以决定成立一家新的寄养机构——“到月亮上再回来”（To the Moon and Back），是因为她希望看到更多的寄养工作者从工作中获取安全感与稳定感，并为在儿童和青少年相关工作中取得显著成果做出更好的准备。她对“以目标为导向”和“对创伤做出反应”的机构文化充满热情，该机构将个体寄养工作者和儿童的需求与愿景置于服务的核心。

克丽茜·凯利（Chrissy Kelly）是一位诗人，也是一位成功的持证顾问教师，拥有信息技术学士学位，体验咨询文凭和计算信息系统国家高级文凭。克丽茜在两个寄养家庭和两个儿童之家的亲身经历让她对提供帮助使青少年获得更多生活机遇充满热情，她相信无论是传统还是非传统的教育——甚至只是一个在生活中支持你的成年人——都是成功的关键。她有一个已经成年的儿子，喜欢旅行，仍对生活保持着学习者的姿态。

艾莉森·金德雷德·伯恩（Alison Kindred Byrne）是一名社工，拥有超过28年在养护机构和寄养机构照料儿童的治疗工作经验。她曾与许多提供抚育帮助、评估以及培训提升寄养工作者服务的寄养组织合作。她备受寄养机构和地方政府的高度赞誉，他们一再选择与她合作。

作为一位受人尊敬的作家，她的作品关注以儿童为中心的发展计划，她渴望改善年轻人的人生，真正专注于让寄养工作者获得最好的资源，以支持他们照顾儿童和青少年。

在创立“到月亮上再回来”时，艾莉森心怀壮志，想激励人们考虑寄养，并支持寄养工作者了解创伤对进入寄养机构儿童的影响。她强调以治疗方式与儿童及寄养工作者合作的必要性和方法。她专注于确保儿童能够与合适的寄养工作者匹配，从而能够在生活中展现他们真正的潜力，并让寄养工作者感到真正安全、有保障，让他们因自身的出色工作而受到重视。

卡思·尼布斯（Cath Knibbs）是一位通过学术研究和临床经验寻找故事的人。她是位技术迷，致力于寻求最新的技术进步，以了解这将如何影响人类在不久的将来/遥远的未来的发展。卡思是一位表观遗传学心理咨询师和功能医学健康管理师，她将技术进步融入自己的实践，满足客户的需求并帮助他们在人生之旅中不断探索，成为自己的英雄。

尤妮斯·拉姆斯登（Eunice Lumsden）是北安普顿大学（University of Northampton）的早期儿童教育

学系负责人兼副教授，学徒和技术教育研究所（Institute for Apprenticeships and Technical Education，IFATE）固定委员团成员，皇家艺术协会（Royal Society of Arts）会员，高等教育学院（Higher Education Academy）高级研究员，也是注册社会工作者。她拥有丰富的儿童和家庭工作经验，研究领域包括早教和护理人员的专业化、虐童问题、社会公正、贫困问题和收养工作。她关于儿童保护的著作被选为2018年年度最佳专业书籍。她还因在早教领域的改革工作和研究获得多个奖项。她是英国国内数个外部专家组的成员，为政府提供早教领域任职资格方面的建议，还领导制定了早期儿童学科网络幼儿园毕业生能力要求。她在国际上为劳动力发展工作提供建议，包括将早教工作纳入可持续发展目标（Sustainable Development Goals）中。

本杰明·珀克斯（Benjamin Perks）是联合国儿童基金会纽约总部信息部门全球运动和宣传负责人。他负责领导公众事务和政策宣传方面的工作，涉及儿童生存、发展和保护等问题。

他是英国伯明翰大学品格与美德研究中心高级研究员，该中心研究与性格发展以及社交和情感技能相关的教育政策并提供建议。人们公认他是一位公共演说家、博客主及一名有影响力的人物，他关注的领域涉及儿童暴力、童年期不良经历等议题。

保利娜·斯科特（Pauline Scott）是老虎培训公司的常务董事，也是摇篮曲巷幼教中心的创始人兼董事。她在零售、培训、发展以及早教领域拥有20年的团队领导经验。保利娜一直致力于确保关系在企业的价值观、实践、政策和愿景中占据核心地位。她是“童年期不良经历意识国度”（ACE-Aware Nation）机构联合创始人，IWiL团队的创始人和导师。保利娜是一个热情的学习者，也是一个专注于改革的完美主义者。

特蕾西·史密斯（Tracey Smith）曾在牛津郡三所学校担任校长，最近一次担任的是牛津郡新马斯顿小学校长，她从这段经历中获得了宝贵的经验。目前，她是白金汉大学小学学位教师教育证书课程[1]的负责人，培养未来的教师。

蕾切尔·汤姆林森（Rachel Tomlinson）是兰开夏郡巴罗福德小学的校长，重视培养孩子的整体发展，包括学术成就、社交情感素养及其身心健康。

巴罗福德小学有一项关系政策，重点在于为所有学生提供无奖惩的环境，以营造安全稳定的氛围，促使整个社区的人们自发地追求超越最好的自己，培养对学习的热情，建立健康尊重的人际关系。

---

❶ PGCE（Postgraduate Certificate in Education），英国的学位教师教育证书课程，分为以培养小学教师为目的的“Primary PGCE”和培养初高中教师的“Secondary PGCE”。——译注

第一部分

有关依恋的思考

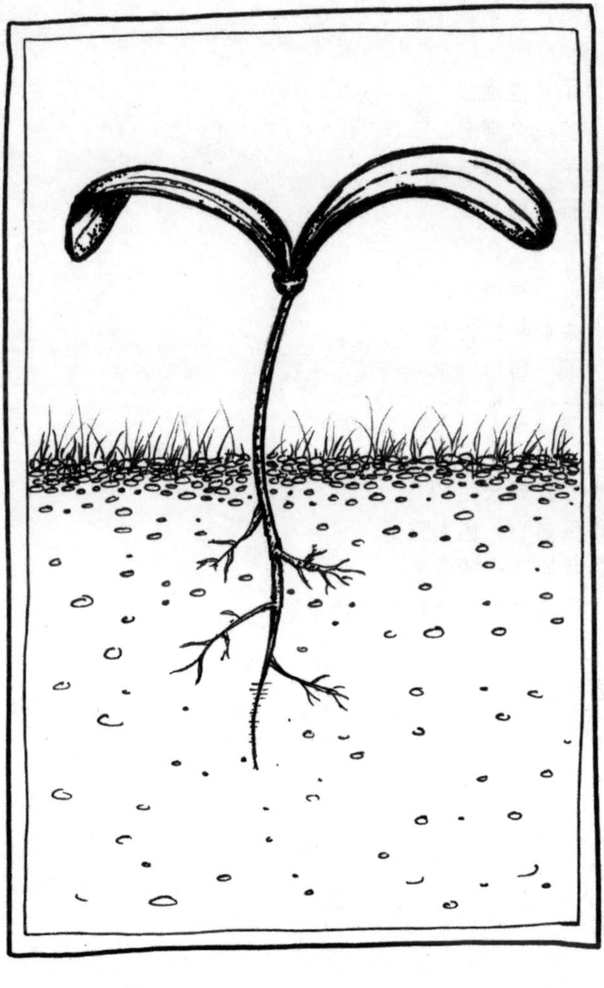

树枝与树根

你将我拔除，宛若除掉杂草
毫不在意，抛弃了我
将我如血般流出的汁液
误认为是自私的需求

不再为了存活而战
我身体的每个部分，
我的种子，散落各处，
我像个行走的伤员

而你却依然完整无缺。
请，温柔地将我捡起
重新种下，每日浇水、施肥，
滋养我的每一处

千万小心去做决定，
报以仁慈之心，因为它们
可以让我如花一般绽放
也可以让我成为一片被践踏的草地。

克丽茜·凯利

简介

以下文字是关于依恋的简要介绍，我们需要不断反思，摆脱将儿童个体化的观念。然而，这并不旨在全面概述依恋理论、该理论自诞生以来的发展，以及它与儿童和青少年等其他领域相关工作的完全相关性。

本书的第一部分呼吁我们思考人生的轨迹，并更充分地介绍了一个观点，即孩童会成长为成人，而成人也曾是孩童，同时也抛出了一个问题，即我们如何在与儿童和青少年相关的服务工作中重新建立联系。如果没有近距离接触不公平、身份认同问题、资源和特权的不平等，就无法讨论这一问题。这些对话试图让人们理解，我们童年发生的事情，无论好坏，都有可能影响我们的一生。

依恋理论是个不错的起点，但往往被忽视。多年来，我遇到了很多做与青少年或成人相关的服务工作的人，他们认为理解依恋理论与自身工作并不相关。然而事实是，每个人都有一个与依恋相关的故事，虽然这个故事并不是固定或静态不变的，但了解我们生命的起点可以赋予我们智慧，帮助我们探索自我和他人。在理解我们整个生命过程中的人际关系时，我们也可以借鉴这种智慧。在新的关系中，我们可能会不断变化和成长；依恋需求在我们的一生中都很重要，不论我们年龄多大。

在试图理解自己的人生历程时，我也被告知要“回到起点”，我清楚地感受到，探索我们的年幼时光为我们成年后可能需要进行的任何疗愈和恢复治疗提供了很大帮助。理解我们如何被塑造，如何成长，以及人类在怎样最佳的环境条件中可以培养自身的恢复能力，这些问题的答案理论上讲都应该贯穿于政策的制定过程之中。将儿童发展科学置于其核心位置，与诸如产妇权利、陪产权利、健康意识、住房权益与负担能力等元素相关的政策都会受到影响。

谨慎的做法是，任何与依恋有关的讨论都应建立在一个基础之上，即我们对于不平等的理解。经济、教育和医疗方面的不平等，以及结构性种族主义，都塑造了我们的能力、机会和我们可以接触到的东西。在本书的第6章和第11章，我们将采用同样的视角分别探讨逆境和创伤。

儿童贫困行动组织（Child Poverty Action Group）2017年表示，2010至2020年出现的节俭意识让许多家庭无法为子女提供最好的条件。该组织发布的报告《节俭的一代》（*The Austerity Generation*）揭露，他们发现有成千上万儿童的生存机会已然受到损害，且未来将持续如此。对于那些依靠服务机构得到有关机会、帮扶机制和免费活动的家庭来说，失去这种帮助对他们来说影响巨大。例如，众所周知，2018年4月1日至2019年3月31日，特鲁塞尔信托（Trussell Trust）食物银行网络向身处危机中的人群发放了160万份紧急食品包（可供三天饮食），同比增加了19%，其中有50多万份是发给儿童的。政策、政治意愿和持续存在的个人主义叙事对儿童的发展存在影响，并会持续一生。在这种情况下，我们必须从整体和部分的角度来看待依恋理论，同时也应考虑外部力量的作用。

依恋理论

大众普遍认为依恋理论是理解儿童发展最重要的贡献之一。该理论由英国精神病学家约翰·鲍尔比（John Bowlby）提出。该理论的雏形是鲍尔比提出的一个观点：孩子应该与母亲建立"温暖、亲密并持续的关系"，他认为这是孩子发展最佳的基础。他观察了一些在情感和行为发展上存在困难的孩子，且反对弗洛伊德的观点，弗洛伊德认为孩子是由内驱力而非环境驱动的。我们是生来如此，还是后天塑造而成的，这个问题在很长一段时间里都无比令人着迷。针对这个问题，神经科学观点和人际神经生物学观点一直以来都互不相让，不过，我们稍后会回到这个问题。

在依恋理论的发展过程中，尤为重要的是，该理论让人们认识到情感关系在儿童发展中的重要性。鲍尔比的"母爱剥夺"理论认为，婴儿需要成人，也需要他们所处的社区，幼时的依恋受损则会影响到我们后续的发展。"母爱剥夺"的概念并没有区分母婴分离、虐待和/或忽视之间的区别，也没有表明环境的影响对孩子的帮助最大。不过，鲍尔比的理论提供了一个转变思维的机会，让我们开始理解自身的行为之间有何关联，以及我们的生存和成长过程是多么离不开幼年时期的情感关系。

发展心理学家玛丽·安斯沃思（Mary Ainsworth）的研究建立在鲍尔比的基础之上。她认为，婴儿出生时是无助的，有特定的生存行为，这些行为可称为依恋行为。正是这些行为帮助我们存活下来，比如为了获得食物或安慰而哭泣，或者用可爱的微笑让看护者注意到自己。这种寻求依恋和给予依恋的互动是通过同调[1]（我能感觉到你需要安慰，所以我会轻轻地摇晃，把你紧紧地抱在我跳动的心脏上）产生安全感来实现的。哈佛大学儿童发展中心一直在研究"同调"，在这方面也有许多资源。一个充满安全感的幼年有助于培养人的恢复能力。我们通常不会就依恋和恢复能力进行深度对话，但当我们感到安全并知道我们信任的成年人在身边时，便可以无所顾忌地探索世界，因为我们知道一切都很好。我们越是探索，就越有可能遇到问题，并让我们信任的成年人回到我们身边，确保自己是安全的。这是一种复杂的互动，其中很大部分都是我们内在生存系统的一部分。

鲍尔比和安斯沃思合作提出了几种依恋类型。依恋类型是安斯沃思一项研究的成果，该研究名为"奇异情境实验"。通过该研究，她认为依恋类型可分为四类：

安全型依恋：这类孩子会对母亲具有强烈依恋。母亲通常能够与孩子的需要同调。

---

❶ 同调（Attunement）：心理学概念，约翰·鲍尔比认为这是建立健康安全依恋关系的重要条件。——译注

不安全的矛盾型依恋：这类孩子会对主要看护者表现出前后矛盾的回应。当母亲仍在附近时，这类孩子会对陌生人进入房间感到恼怒。和母亲分离后，孩子无法继续探索或玩耍，非常痛苦。但是重逢后，孩子又会对母亲表现出愤怒和不满，并拒绝她。

不安全的回避型依恋：这类孩子的主要看护者往往会拒绝并忽视儿童的需要。无论母亲是否在房间里，这类孩子都不会表现出太多的情绪。他不想与人一起玩耍或被抱着。他对陌生人的行为也一样。

混合型依恋：安斯沃思用其形容曾遭受主要看护者某种忽视或虐待的孩子，这一观点在后来也被确认。斯洛夫（Sroufe）等人在他们为期30年的研究中发现，孩子在婴儿时期存在混合依恋情况，有很大可能在之后出现情绪障碍，这一点是与其他依恋类型不同的。值得注意的是，这是唯一一种符合《精神障碍诊断与统计手册》诊断反应性依恋障碍指南的依恋类型。

剥开层层外衣

对依恋类型理论，学界也有诸多批评之声。有学者认为，安斯沃思只观察了婴儿在分离、痛苦的时刻，而没有观察到他们并不痛苦的时刻，观察到的行为也只局限于与母亲在一起的行为。

自鲍尔比及其同事提出依恋理论以来，该理论的发展已经经历了半个多世纪，还结合了当时并不存在的神经科学发展。急迫的证据表明，人类幼年时期的情感关系对今后的发展至关重要。正如贾维斯（Jarvis）指出的那样，鲍尔比的依恋理论正是《联合国儿童权利公约》（联合国大会，1989）的基础。

将依恋理论置于我们与儿童（正处于发展之中）、青少年（仍在发展中）和家庭（存在并塑造着人类对于依恋关系的早期体验）相关工作的核心，它为我们提供了一种通过情感关系的“镜头”去窥视儿童早期发展的方法。

“依恋是一种服务于婴儿情绪调节和探索的关系。这是婴儿对看护者的可接触和反应能力产生的深刻而持久的信任感。”

此外，从关系的角度来看，围产期[1]发生的事情仍然至关重要，并且这一直是布鲁斯·佩里（Bruce Perry）一项影响深远的研究的焦点。事实上，最近一项对3523名年龄在6至13岁之间的儿童（这些儿童过去都存在佩里所提出的“发育过程中的逆境经历”，正在寻求行为健康服务）进行的研究发现，围产期存在“关系匮乏”是比围产期逆境经历更重要的预警因素。

佩里接着指出，高度创伤和关系贫乏的经历，特别是在出生后的头几个月里的经历，可能会产生持久的影响。而在孩子人生的任一阶段，**情感关系丰富的环境都可以起到缓冲作用。他表示，永远不要低估一段经历的伤害或治愈能力，也不要低估早期积极经历对人之后的发展，以及**

[1] 围产期（perinatal period）：根据世界卫生组织的定义，围产期为妊娠满22周到婴儿出生后的7天。——编注

预防此后出现发展障碍有多么积极的意义。

依恋让我们了解到孩子成长过程中最重要的三个方面：

- ◆ 以一种轻松舒适的方式与他人相处
- ◆ 通过舒缓痛苦、创造快乐和保持平静来调节强烈的情绪
- ◆ 习得反思性功能（reflective function）的能力

如前所述，早期的依恋关系与孩子的一种能力——通过能够与他们共同调节并提供给他们安全感的成年人学习如何调节自己的情绪的能力——相关。调节行为和情绪的能力意味着孩子能够更好地与他人交往，更有能力适应学前和早期的学校环境。相反，高度失调的孩子往往会表现出极端的行为。

重新思考那个问题，我们是天生如此，还是经过后天培养而成的呢？现在我们已经非常清楚，我们的成长和发展是通过我们的DNA、表观遗传学（任何改变基因活动而不改变DNA序列的过程）、我们所处的世界、我们的看护者对依恋行为的反应能力以及我们在这种“关系”中的所有经历之间的相互作用而实现的。换句话说，在进入学前班之前，在进入一个更正式、更有社会要求的环境之前，孩子们已经有了一系列经历，这些经历为这一学习轨迹的开始奠定了基调。孩子在三岁前大脑会发育到成熟期的80%左右，所以在这段时间内与他人建立良好关系对于大脑发育至关重要。

依恋贯穿整个生命历程

我再怎么强调都不为过，理解这一点是多么重要：有了好的建立情感关系的机会，我们就有能力在生命历程中获得更多的机会与人建立情感关系，我们都能够得到安慰，并在未来可能恢复过来。我们常见到有些人一生都面临着难题，原因在于，他们从未拥有过与他人建立有意义的联系的机会，同时也没有能力把握可能存在的机会。

在我们的人生历程中，会出现不同的事情为我们提供治愈自我的机会。一段关系的结束、孩子的出生、孩子每个重要年龄段、孩子的离家、生老病死都是生命周期的不同阶段。我们会通过不同的观点和视角来理解我们所经历的事情，这些观点和视角是我们在生命的不同时期所拥有的，而在不同的时期，我们生活中的关系也在不断变化。

结论

本书想要传达的信息是，我们应将自己的经历融入生命，这样才能过上有意义的生活，这样做永远不会太晚。我曾遇到过一些70岁才终于找到一段有意义的关系，才拥有获得这种关系的能力的人。

在理解我们生命的开始和我们在生命历程中的治愈能力时，最重要的一点是，我们的目标永远都是“预防”。虽然在一生中，我们的确有很多机会可以从幼年的逆境经历中恢复过来，但越年轻，恢复得就越容易，因为大脑的内部结构正是在生命早期的那几年里成型的。然而，我们有着惊人的恢复能力，应该永远记住并期待，不论在何时何地遇到那个人，只要我们带着共情之心与他（她）相遇，机会就会出现在我们面前。

1

与尤妮斯·拉姆斯登的对话
社会工作、收养和幼教

尤妮斯·拉姆斯登是北安普顿大学早期儿童教育学系负责人，在社会工作、收养和幼儿教育和护理方面，以及与儿童、青少年和家庭打交道方面有几十年的经验。

丽莎 能不能聊聊你是如何成为北安普顿大学早期儿童教育学系负责人的？

尤妮斯 我也经常这么问自己。说实话，我之前并没有特意选过要做什么工作。在接受高等教育之前，我从事了22年的社会工作，主要关注儿童、青少年和家庭。在当地政府做了11年的社工之后，我转到一家专注于收养的慈善机构工作。我从那些和我一起工作的人身上学到了很多，这让我开始思考：我们该怎么去干预别人的家庭生活呢？我们提供的帮助是什么性质，质量如何？我们该选择怎样的时机去帮助别人？从事收养工作是我做过的最荣幸的工作之一。不过，那些被收养的人所提供的很有价值的见解并没有被广泛运用到日常工作实践之中，这让我十分惊讶。

我的专业实践让我受益匪浅，因为我参与了这么多人的收养之旅。最重要的是，我获得了宝贵的见解，意识到幼年经历、了解自我、父母高质量的支持以及受教育的机会是多么重要。每个人都需要那个“会在车站接你”（会把你记在心里）的人。

我参与了进一步的培训，包括攻读硕士学位，让我充分认识到以研究为基础的实践的重要性。我喜欢进行研究，意识到学习过程中发现意外之喜亦是那么重要。我越了解，就越觉得自己所知越少，但我的实践会因为不断质疑和批判一切、通过不同的视角看待事物而得到改进。

很令我惊讶的是，我越发热爱培训他人的感觉，再加上做社会工作者的经历和对研究的热爱，我走上了高等教育的职业道路。起初，我在开放大学（Open University）做副讲师，将我的实践经历与教学相结合。在那里，我有许多学生初次受教育经历屡受困难，但开放大学提供了第二次教育机会，让他们得以改变自己。

这段教学经历，加上我的社会工作实践，激发了我想要影响那些针对最需要帮助的儿童制定的政策的热情。唯心地说，我一直倡导建立体系、开展培训以及运用多专业的方法，保障儿童得到“看护”，让他们获得更好的幼年经历。在我近18年的工作中，这一点成为我真正关注的重点。我努力寻求一份全职工作，去教社会工作专业的学生，但是因为我在高等教育方面缺乏经验，我无法突破这个障碍。我没有出版任何著作，也没有什么学术履历。我原本申请的是社会工作团队的工作，最后被调剂到另一个负责幼教研究学位的团队，他们也需要有人负责社会工作的课程单元。最开始我是兼职做这个，还在继续做社工实践，后来转成全职，两年内就开始主持这个学位项目。2014年，我被任命为早期儿童教育学系负责人。

丽莎　你太有智慧了，知识储备和实践经验都特别丰富。我对你说的两点特别感兴趣。一个是关于研究和实践之间的整体关系，还有就是，收养工作给你打开了幼教领域的一扇窗，你从收养工作中有怎样重要的收获呢？这两点在本质上是不是同一个问题？

尤妮斯　我也想回答两点，一是我从来没想过自己会做幼教领域的工作；二是我觉得自己一直在跳出舒适区，也非常敬佩这些投身早教工作的同事——因为我做不了他们的工作。事实上，去了解同侪们如何工作真的很有帮助。不过，我是个彻头彻尾的社会工作者，我还在登记名单里呢，这对我来说至关重要。这让我对自己负责，不断更新实践经验和所学知识。这也意味着我一直坚持这个职业的价值观，我的工作之中贯彻反歧视和反压迫的态度。作为一个“与众不同”的女人，我一直在经历“英国白人”这个方框之外的旅程，且将继续如此，事实上，在我生命的大部分时间里，没有任何一个既定的方框可以框住我。不过，虽然这段个人旅程有时也会让我无力，但它也让我有能力不断去解决社会不平等问题。

从我进入高等教育以来的旅程来看，我觉得我注定要踏入幼教领域，这听起来可能有些傻，但我觉得自己对早期教育及护理（ECEC）领域工作者的理论与实践都产生了更大的影响，而这直接影响着他们与儿童、家庭之间的工作。我认为自己成功地为这个领域带来了不同的维度，借鉴了我所有社会工作的价值观、经验和对儿童发展受虐待经历和幼年结构性不平等影响的理解。

收养工作给了我怎样的收获呢？它让我知道，无论你是被送去收养还是因为看护令被收养，最早期的经历都是十分重要的。我知道，你的名字很重要、你瞳孔颜色的来源很重要，简而言之，你的遗传基因来自何处很重要。如果那些在原生家庭经历过不幸的人们在幼年时有更多机会来解决自身整体发展的不平衡问题，也许他们就能够应对后来的挑战。你不能抹除童年发生的任何事情，但早期教育及护理能提供给你促进认知、身体、个人、社会和情感发展的机会。孩子不断成长，他们能慢慢理解发生了什么，并发展出新的生存方式。重要的是，我了解到这种干预不是一次性的——你的时机必须正确，在生命的不同阶段中，你可能都需要进行干预。

我觉得最具挑战性的学习经历是在我刚进大学工作的时候。那时候我意识到，20多年来，我对他人在儿童发展、儿童受虐待、创伤、依恋和结构性不平等影响方面的培训的理解与我想象的不同。我不是说我会做一些不同的事情，但我会问一些不同的问题，更大声地对那些与我共事的人提出我的主张。我参观一些早教机构时哭了，这听起来相当戏剧化，但如果我不再为别人的经历而哭泣，那就是时候退休了。

看到某些事的时候，我会非常困惑，因为我在想，如果我作为一名社工去拜访一个家庭，我会关注到情感忽视的问题吗？这让我感到问题重重，脑海里有很多问题在萦绕：分离对孩子，尤其是婴儿的影响如何？当时我已经有了自己的孩子，给他们提供了很不错的早期教育——现在我看到了这些教育在他们成年后所带来的影响。然而，我真的没有意识到这个行业的资格、薪酬标准和工作条件有如此大的差异。

这确实在很多层面上让我感觉很有挑战。作为一名社工，我帮过孩子们去幼儿园或者学前班，有些是寄养家庭的孩子，还有些是为了帮助父母采取的干预措施。但我没有意识到那些直接与儿童接触的人可能没有足够的知识、理解能力和技能水平来满足这些孩子们有时候极具挑战性的需求，尤其是我所负责的是非常年幼的儿童。

那是在2002年，当时英国政府在早教领域了很多支持提供。我那时候还以为教师培训已经囊括了儿童发展及依恋等方面的知识。我发现事情有很大变化。通过与教育同行以及其他专业人士的合作，我明白我之后的工作会有所不同。然而，当我跳出自己的舒适区时，我了解到更多我们在帮助那些经历过严重困境的孩子们取得社交与教育方面的成功时所面临的挑战，如今这些挑战仍然会继续存在。

丽莎 有关逆境和创伤的跨领域思考，我想我们已经取得了一定程度的进展。不过，这方面的培训和资格认证是不是真的契合需求，根据我的经验而言，情况还是参差不齐。一些院系和大学在这方面做得很好，而其他一些则没有。所以，在与来自不同领域的人合作时，他们对依恋、儿童发展或逆境影响的知识基础仍然存在差异。有趣的是，我也有同样的经历，我也曾认为如果你从事与儿童相关的工作，培训中应该会涉及相关的知识储备，特别是对儿童发展的理解。我认为我们在这方面确实有所进步。当然，比如说，这本书就是一个跨领域、跨学科的作品，而我的工作涵盖不同领域，我们可以看到类似情况有很多，且有着不同的形式。你有什么看法？你是这么认为的吗？还是你有其他看法？

尤妮斯 我认为这是个难题，很复杂、很棘手，因为不同专业有很多规定的培训要求。实际上，大部分的学习是在取得资格后进行的，社会工作培训并不总是涉及儿童发展、依恋等方面的内容。老话说，抚今追昔。回望1978年至1982年，那时候我正在攻读为期四年的应用社会科学与社会工作学位，我对儿童发展和儿童受虐待情况了解不多。我的培训是综合性的，了解了很多东西，但对某些特定领域的学习有限。任职资格要求非常重要——我们所服务的儿童和家庭值得并需要我们成为最优秀的从业者。

回顾过去18年，前10年ECEC领域有着前所未有的发展，让人兴奋不已。还有“每个孩子都重要”项目[1]，虽说对某些地区来说还存在一定困难，但这是一种普世的理念。看看2004年到2012年间出版的书，那时候有很多关于这个理念的书问世，社会各界共同努力、许多机构携手合作——但他们都慢慢销声匿迹了。现在讨论这个话题已经没有意义。这就说明了一些问题。是的，不同的职业仍然在合作，但英国存在教育、卫生保健和社会关怀领域相互孤立的历史遗留问题。因此，培训让我们去选择一种职业从而适应社会需要，安宁（Anning）的研究（Anning等人，2010）强调在多专业团队中遇到困难时，人们会回归自己的专业领域——他们最熟悉的领域。在欧洲，有专业教育工作者（pedagogue）这样一个跨学科的特殊职业，他们可以跨越不同专业之间的界限为各个家庭服务。

因此，我想说的是，我们仍然需要不同的职业，但在我看来，我们的体系里还缺了一些东西——类似于欧洲社会专业教育工作者的职业。我以为我们在2006年引入幼师专业

[1] 英国践行教育均衡发展的核心精神是“每个孩子都重要”（Every Child Matters），此理念在2003年英国政府颁布的一部教育绿皮书——《每个孩子都重要：为了孩子而改变》中得以确立。——译注

资格时已经在朝这个目标迈进，但这是另一个完全不同的话题。据我所知，尽管有各种研究、知识和投资，我们仍然无法将更多儿童囊括到我们的服务系统中来。

最近，“童年期不良经历”这个术语为我们探索一直存在于我整个职业生涯中的问题提供了新的视角。有探索问题的新方式总是好的，但能否将研究融入实践取决于很多因素，特别是对取得持续的职业发展的渴望。它还取决于你在哪儿工作以及所选职业的专业法规要求，最重要的是，还取决于你的政治意愿。

再看学校体系，没有一个统一的方法——对于所有人来说，结果都很重要，但有些学校选择成为关注创伤的学校，或者根据联合国儿童基金会的方法成为关注儿童权利的学校。所以说，这个体系就像一块百纳被，被分割成一块一块的，由不同类型的学校组成。这（你所接受的教育）取决于你去哪所学校，有什么样的经历。

丽莎 是的，这和我们是不是给儿童提供了更多安置地点、更多寄养看护的机会也有关系，所有这些经历都为儿童带来了各种困难。因此，在面临可能被送出所在地区的困境和挑战之外，他们还将面临另一个额外的挑战，即最终会进入哪所学校？那所学校的教育方法又是什么样的？

尤妮斯 而且，我认为，实践中存在这样的差异是非常有趣的。我的一个本科生今年为她的论文做了一个研究项目，有关一系列早教机构和学校中的童年期不良经历，但却发现很少有人听说过这个词。

丽莎 这很有趣。

尤妮斯 我想她应该相当吃惊，但我们必须记住，我们在学习和实践中所学到的东西往往是脱节的。我还认为，在特定领域工作时，应该使用该领域的术语，不能假设大家用的术语都一样，也不能假设一个术语在不同的专业领域中意义相同。我总是会举一个有关“过渡”的例子，在社会工作中，过渡可以是从家庭到看护机构的过渡，在教育中从一年级到另一年级的过渡，以及健康方面不同疾病阶段之间的过渡，还可以是从一个发展阶段到另一个发展阶段的过渡。你能理解我的意思吗？你不能做什么假设，同一个术语不一定以相同的方式被理解，在一个领域使用的术语也不一定是普遍通用的。因此，不能假设教师或幼教从业人员知道“童年期不良经历”这个术语，更别说知道它具体指的是什么了。

你还需要记住，那些刚开始工作的人是第一次经历一些对你来说司空见惯的事情。有时候，我必须深入思考才能提醒自己这一点，尤其是当我因为我们似乎总是在重演同样的争论、重组同样的结构而感到沮丧时，又或者当人们认为这是早教的重要性、儿童贫困、种族主义和虐童事件首次被提上议程时。

博士毕业后，我很喜欢深入探索布朗芬布伦纳（Bronfenbrenner）[1]的理念（Bronfenbrenner, 2005）。他在研究中还曾引用哈姆雷特的话：“人生如戏”。这幕戏会一直演下去，永远不会结束——这对我而言意义非常。孩子们生来并不平等，身处不同的国度、地区，你为那些最需要帮助的人提供的服务也不尽相同。我的动力是改变这种情况，但我永远无法让孩子们不去经历逆境，也无法停止自己关心社会边缘人群的脚步。我说的社会边缘人群是那

[1] 尤里安·布朗芬布伦纳（Urie Bronfenbrenner, 1917—2005），著名的心理学家，提出了生态系统理论，是美国问题学前儿童启蒙计划的创始人。——译注

些由于出生地、生活区域、种族或宗教原因而没有获得与他人相同生活机会的人。这是一直存在的问题——事实上，2020年曾经是消除儿童贫困的目标，但贫困人口，包括身处工作贫穷状态的人，正在增加。我有点东拉西扯，但本质上，我们必须确保不罢演“这出戏”，我们必须为我们一起工作的人抱有追求更好的期望。我们必须让那些小白在其选定的工作领域迅速从新手成长为专家。我们必须培养下一代，因为社会不平等不会自发改变。当然，前提是我们真的能够根本性地改变它。我特别喜欢巴克敏斯特·富勒（Buckmaster Fuller）的一段话：

“和现实做斗争，永远也改变不了现实。相反，改变只能通过打破成规、用新建模式淘汰现有模式，才可能实现。”

这条路任重而道远啊……

丽莎 要说任重道远，其实有两种理解方式。一种是：“哇，那真是令人沮丧。”另一种则是实际上心怀持久不变的渴望，并理解到你的工作始终都植根于为儿童和年轻人创造更好生活的追求之上。如果你明白这就是你工作的本质，实际上会给你带来很大的动力。

尤妮斯 这就是工作的关键所在。所以我一直认为这句话能给人带来动力。有时候你必须深挖，但我受挫折后总能恢复过来，且变得更加坚定。因此对我、对他自己或对弗莱雷（Freire）来说，布朗芬布伦纳是个非常重要的理论家，因为他是他自己最大的批评者。在他生前的最后一部作品（Bronfenbrenner, 2005）中，他清楚地表明（他）错了，发展并非他以为的那样，若非如此，那为什么人们还在互相攻击呢？他向其他人提出了一个挑战，那就是研究社会中的混乱情况——一个需要用理论进行说明的新体系。

我坚持认为，我们在培养“未来专业人士”方面的工作是确保他们可以在混乱的体系中工作。你要拥有技能、知识、理解力以及对持续从事你选择的领域的渴望。如此，你才能应对生活给你带来的难题。在任何与儿童和家庭有关的工作中，你都需要具备真正的职业道德，你必须不计名利，意识到这不是什么朝九晚五的轻松工作——做有关公共服务的工作既艰难又复杂，充满挑战。它确实混乱无比。

你必须知道如何照顾好自己，这样你才能帮助别人。知道如何与其他专业人士和从业者合作，并认识到存在各种激励因素使他们选择与儿童相关的工作，这也是必要的。因此，若你选择了这份与孩子相关的工作，那这份责任就属于你而非他人，你要确保自己始终是一个安全的专业人士和从业者。

我所指的是，你能够批判性自省并改变自己的做法。因此，要具备反思能力，不断探索新知识，并认识到我们都是拼图的一部分，没有人比其他人更重要——我们都有自己的角色要扮演。因为我相信所有的社会工作者都可能遇到这样的情况：接下一个案子，人家说：“哦，你比之前的社工要好得多。”这确实满足了我们的自尊心，但是……

我也坚信，在任何时候，都必须尽可能做到最好。你正在处理人们生活中的复杂问题，需要确保自己具备知识和技能来胜任这个角色，还需要以一颗善良之心对待这些事。

丽莎 那我们有没有帮助大家做好准备去应对这些复杂的、不断变化的情况呢？之所以问这个问题，是因为我在英国地方政府工作时常常有这种感觉，大家是不是对复杂和变化存在抗拒心理，而这种抗拒又引出一种误解，即在地方政府工作并与经历痛苦的人们共事时，有些人真的无法处理和应对复杂又充满变化的情况。我想知道，培训中是否有帮人做好准备应对这些的内容呢？

尤妮斯 在当老师这段日子里，我非常重视学生是否能认识到理解个人经历与工作的交集的重要性。但我认为对于人们来说，很难真正去回答“你为什么选择这份工作？”这个问题，因为对于某些人来说，促使他们选择这个工作的是生活中经历过的某些困难。我最近对学生选择学习社会工作、早期儿童教育或儿童青少年教育的动机进行的研究突出了三个广泛的领域。其中一个动机是因为他们个人童年时期经历了逆境。例如，父母吸毒、家人吸毒和酗酒，或者曾经被纳入寄养体系[1]，这些都是他们从事这类工作很好的动力来源，他们的动力就是要拯救世界。这听起来和你很像，丽莎，你记得吗？

丽莎 当然。

尤妮斯 不过，也有些人选择这份职业是因为他们有非常正向的家庭经历。他们的家庭曾是寄养家庭，收获了十分积极的经历。还有一些人可能是在生活中逐渐才开始慢慢思考自己是谁，生活的方向在何方。有些事情改变了他们的想法，比如说有了孩子之类的事情。

所以你必须记住，在诸如“儿童保育”、健康和社会关怀领域这类职业道路上，经常会有年轻人受人引导走上这条路，因为这些领域看起来“不那么学术”。

俗话说，山穷水尽处，云开见青天，做不好理发师，不如

[1] 寄养体系（in care system）是指一个国家或社会中负责照管、监护和提供服务给弱势儿童或青少年的体系。这个系统通常是由政府或非营利机构运营，旨在为没有亲生父母照顾或处于不安全家庭环境中的儿童提供安全、稳定的居住环境和关怀。——译注

试试当看护，反之亦然。所以，虽说有时候你工作时面对的确实是一群有过不良教育经历的年轻人，但这并非一成不变，永远不能轻易下结论。

丽莎 很有道理。

尤妮斯 2010年，文森特和布朗进行了一项卓越的研究，他们调查了上进修学院学习儿童保育的学生。他们发现这些学生之所以这么选择，有三个主要动机，其中有一些是来自大家庭的学生，也有一些经常听到别人说“你跟孩子相处得很好，不如去做些和孩子相关的工作”。有些人之所以选择儿童保育，是因为学校告诉他们：“你学术能力不是很强，不如去看看儿童保育？”他们认为，作为一种职业，儿童保育工作在很多方面都是一个可以实现自我救赎的“宝地”。我热爱这份工作。我认为，任何以人为中心的服务都会吸引具有特定素质和动机的人。我还觉得真正重要的是你要自己审视这些，并了解自己、弄清楚是什么激励着你。不是说如果你自己有一段困难重重的经历就不能从事与儿童和家庭相关的工作，绝对不是这样。是我们选择了他们，而不是他们选择我们，因此你有责任确保自己是一个“安全的从业者”——如果你要从事与其他人相关的工作，他们的包袱已经够多了，不需要再背上你的这份。

丽莎 虽说是老生常谈了，但我对此还是很感兴趣，因为这是你在从事早教工作和社会工作的过程中发现的问题。那么教育和警察呢？这两个领域都会和人打交道，但有人可能会认为它们缺乏一定的多样性。

尤妮斯 对于某些职业来说，要突破其中的一些壁垒并加入其中非常困难。如果你在校表现不好，还没有资格证书，那这些职业就遥不可及了，对不对？完全无法触及。这就是为什么开放大学以及北安普顿这类大学会给大家提供这些机会。在我们这行，有些人是后半生才开始学我们的早期教育基础学位课程。而且我观察到，大多数女性通过后半生踏入教育行业让自己的生活发生了巨变，因为在此之前她们觉得自己没有能力去这么做。这有道理吗？我没有对警察行业进行过研究。我对教育有自己的看法，但是每个职业都有入职资格，不是吗？所以，招人还是有门槛的……

丽莎 这就凸显了一个问题，如果我们去思考教育本身，思考如何以多样的角度理解儿童的行为，不只是课堂上的行为，那么我们就会开始看到那些进入这个环境的孩子们所面临的一些挑战，因为这个环境缺乏对他们的理解和认识，又因为这个职业的门槛拦住了那些拥有更加多样化童年经历的人，而这些经历更能反映出教室中这群孩子背后的东西。

尤妮斯 是的。但同样地，世界上也有很多优秀的教师。因此，实际上非常非常重要的是，我们要不断地以具备优势的方式去工作，找出不错的地方，努力改进需要改进之处。但你也不能总是让人去改变。我很喜欢英国早教专业教育的一点是，它为女性（也有少部分男性）在进入特定专业领域之前提供了一个系统化学习早期儿童发展过程的空间。它还提供了一个让他们可以了解自己、了解儿童的安全空间，提供了保障儿童权益的扎实基础。我们不受专业培训要求的限制。然而教育、社会工作、医疗等任何具有专业地位的职业必须接受专业社会化。早教专业教育提供了一个环境，供年轻人和具有工作经验的人探索并发现他们的优势和技能所在，寻求不同的职业机会。

举个例子，我有些学生从没了解过特殊教育需求，但却被安排去特殊学校实习，因此学会了一些此前完全没接触过的技能。也就是说，他们可能本来想成为一名教师，但最终却去了一所具有额外需求的学校工作，或者转向社会工作。所以这就是我爱早教专业教育的原因，它为我们的学生打开了不同的大门。而且，他们可能正在学习有关童年早期的知识，但如果你知道儿童是怎么一岁岁成长起来的，了解到这个发展的过程，你就能理解青少年，也就能理解一些成年人身上存在的问题。你也能确定他们的学习内容囊括你和你的团队认为对未来的职业发展非常重要的知识。总之，聊起这个问题，我就关不住话匣子了……

丽莎 你会采取何种行动来应对当前的问题或挑战？因为我们在这次对话中一开始就提到，2020年儿童贫困并没有被消除，事实上，儿童情况变得更糟了。

尤妮斯 要说我的行动，其实不是哪件具体的事情，有很多相互关联的体系需要改变，才能改变儿童的现状。儿童需要处于核心位置，才能以更全面的方式加强早教服务。实际上，我一直主张我们必须从儿童和他们的家庭出发，采取一种优势取向且整体性的方法。我们需要从儿童的需求出发制定非常有力的政策导向，而不是局限于政治意识形态。我们需要确保每一代人都有最好的起点。在政策层面上，我们需要有一个人——一个在内阁桌前的人——负责确保儿童和青少年的声音在决策过程中得到重视，因为他们的生活与决策带来的后果密不可分。目前英国的确设有儿童事务专员[1]来倡导这些，但他们是独立的，并不参与党派政治。

❶ 英国和新西兰等国家设有儿童事务专员职位，其是一位独立的公职人员，负责捍卫和促进儿童的权益，并监督政府和其他机构对儿童事务的处理。——译注

从培训角度来看，在本科阶段，我非常希望看到所有希望从事儿童、青少年和家庭工作的人都能参加一年的基础培训。虽然我很难实现这一点，但一年全面且扎实的培训可以让人们有机会探索不同的事物、不同的学科领域，因为对职业生涯的支持方式是多变的。有些学生加入我们时希望成为教师，而后又成为社工，这让我很欣慰。那些转向教育行业的人对儿童发展、差异、多样性、虐待儿童和童年逆境有更深刻的理解。

我们确实从一开始就告诉学生，从事儿童相关的工作赚不了大钱。你得有个其他理由支撑自己来到这里并且坚持下去——我本人的理由是我有着“与众不同”的经历，知道不符合社会规范是什么感受，知道自己会因为什么妥协，在哪些方面又坚决不会妥协，当然，就是儿童问题方面。

我们总是对学生强调，获得学位只是个开始——还会有持续的进一步培训——孩子们和他们的家庭值得我们这样做，而且在必要的时候，我们这些从业者会为他们发声。

丽莎 这样就能避免出现我们不断在对话，转过身却发现自己忽略了孩子们和青少年的情况……

尤妮斯 是的。不过我觉得问题比这更复杂，因为这也涉及人们对早期童年、婴儿、儿童以及对女性的看法。尽管婴幼儿期总是与照顾孩子、母性等概念联系在一起，被视为女性的职责和工作，如果不改变这种观念，变革也就无从谈起。这是一个非常复杂、困难的领域，且将一直如此，因为虽然很多研究数据、知识以及实践经验表明早期儿童发展的重要性，但我们仍没有一个整体性的方法，尽管联合国儿童基金会一直强调其重要性，并将早期儿童发展纳入可持续发展目标中（联合国，2020年）。

然而，重要的是我们不应忘记英格兰儿童早期教育和托育（ECEC）的发展历程和巨大的改进，但它仍然非常复杂。这是因为在英格兰，儿童早期教育和托育领域中存在着来自私人机构、独立机构和志愿组织的混合经济环境。这个领域的特点是低工资、低社会地位，被视为“女性的工作”。孩子们的声音往往被忽视，即使我们强烈要求。我们了解相关证据，人们却无法或不愿将其付诸实践。我们所处的专业领域之间相对孤立，且没有充足的资源，所以即使可以听见那些声音，却也不得不忽视它们。一份份儿童死亡调查报告在一遍遍强调我们在多专业合作中的失败。有很多了不起的人在做着了不起的工作，但每个当地政府、早期教育机构、公立幼儿园、学校和民间组织都是不同的。事实上，我们现在在很大程度上依赖于民间组织，而我并不确定接下来会发生什么，因为许多民间机构和早教机构因财务问题即将陷入困境乃至关闭。这将影响到那些最需要帮助的人。

大家的讨论总在关注为女性提供托儿服务让她们能继续工作或者为家庭提供相关支持保障他们的工作。我认为重点应该是在孩子成长发育之处为他们提供高质量的早期儿童教育和照护，而不仅仅是提供基础的看护服务以满足父母的工作需求。如果早教机构关闭，对许多家庭而言确实会引发一些问题。此外，那些生活在公认最贫困地区的家庭也会面临许多问题，因为他们要么从事最低薪的工作，要么压根儿没有工作。目前我们的福利制度是，你只有有工作才能获得30小时的免费托儿服务，申领救济金的人（也即失业与无业人群）则无法享受。这是个真正的难题，因为许多人因疫情原因很难找到工作。

在我们快结束这次对话的时候说起这些听起来非常消极……新冠疫情凸显了社会中存在的结构性不平等，并加剧了这种不平等。是的，对于最需要帮助的人来说，事情将会非常艰难，他们一直以来都过得很困难。

简而言之，我提出的“行动号召”是**“童年持续一生”**（childhood lasts a lifetime），我们应该抓住每一个机会去做更伟大、更好的事情，改变现状，打破代代传承的特定观念，塑造一个全新的现实。我们需要为孩子们做正确的事情，但要记住“人生如戏”，永远不会到达终场。

下文是尤妮斯提议加在我们对话之后的一首诗。

暴脾气的老妇人

你看见了什么，护士，你看见了什么？
当你看着我时，你在想什么呢？
一个暴脾气的老妇人，又不太聪明，
习惯没规律，目光向远看，
汤汁漏出来也不作声，
当你高声说，我真希望你能去试试。
她却似乎看不见你所做的事
还总是弄丢鞋袜。
她，不管抗拒与否；任由你如自己所愿，
洗澡，喂饭，漫长的一天就做这些。
你是这样想的吗？你是这样看我的吗？
那就睁开你的眼睛，护士，你正看着我。
我会静静地坐在这里告诉你我是谁！
随你吩咐起身，如你所愿饮食。
我是个10岁的小孩，有着父亲母亲，
还有兄弟姐妹，他们相亲相爱。
一个16岁的年轻女孩，脚上长着翅膀，
梦想快快遇见真爱。
20岁时成为新娘——我的心里小鹿乱撞，
回想起我曾许下的誓言。
25岁时，我有了自己的孩子
要为他建起一个安全幸福的家；
30岁的女人，孩子飞速成长，
彼此因永恒存在的血脉相连；
40岁，儿子们已经长大离去，
但爱人在身旁，我并不忧伤；

50岁时，儿孙绕膝，
重新理解孩子、爱人和自己。
黑暗日子降临，丈夫撒手人寰，
我望向未来，因恐惧而颤抖，
因我的孩子正在抚育自己的子女。
我想起过去岁月和我所拥有的爱；
如今我成了个老妇人，大自然多么残酷，
耍了个把戏，让老妇人状若傻子。
身体垮了，优雅离开，活力不再，
曾经的那颗心，如今成了块石头，
但这个老旧躯壳里，仍住着个年轻女孩，
受伤的心时不时心潮涌动，
我记得快乐，也记得痛苦，
我在重新热爱生活，经历生活。
我想起那些年，时间太短，流逝太快。
也接受残酷事实，没有什么能够永存。
所以睁开眼，护士，睁开眼看看，
不要看那个暴脾气的老妇人，仔细看——
看看我。

——菲莉丝 · 麦科马克（Phyllis McCormack）

感悟

这段开场对话旨在为本书贯穿的核心主题设定背景，即儿童和青少年需要成为我们工作的中心。尊敬的读者，让我为您介绍，尤妮斯是我在1985/1986年认识的社工。当我还是个被人照顾的稚童时，我们的人生之路重合交错了一段时间，这段时间之长足够让我记得她的名字，让我在迈入40多岁时依旧想要再次找到她。虽然我在生活中会遇到很多社工、老师、寄养家庭和社区社工，但却没法记住他们所有人。你觉得孩子们长大成人后对你还记得多少呢？

讨论要点

你对儿童发展、虐童问题和依恋理论作为教师培训的一部分有什么看法？

你认为在学习中缺乏这些内容会对人们理解儿童产生影响吗？

所有从事儿童工作的部门是否有可能将减少进入护理系统的儿童人数的目标纳入其中？

2

与雅默尔·卡尔利的对话

儿童发展、早期教育和青年工作

雅默尔·卡尔利有多重身份——早教工作者、咨询师、有抱负的儿童作家，他从事这些工作近20年，还曾在青年俱乐部、学校工作，指导过许多人，帮助过很多有特殊教育需求的孩子和残疾儿童。作为少数几位在早期教育领域工作的黑人男性之一，我想探索他和孩子们对此的感受。

丽莎 是什么让你选择进入早教领域，这份激情从何而来？

雅默尔 一开始我做的是青年工作，当时导师让我去考个资格证。拿到资格证后，我去了四处地方实习：幼儿园、小学、学校青年俱乐部和养老院。在幼儿园工作后，我就再也没有回头。我非常喜欢这份工作，所以一直留在这个领域，到现在已经从事早期教育工作将近19年了。

丽莎 对一些人来说，从青年工作转行到早教似乎是一个相当大的飞跃，跟我说说这段经历吧。

雅默尔 要知道，早期教育和青年工作之间是相互联系的。早期教育是所有学习和所有帮助的基础。所以，对我来说，从事早期教育工作并与年幼的孩子们一起工作，所有与孩子们的互动都建立在连接之上，要去建立积极的关系，这才是最重要的。

丽莎 请再谈谈这个愿景，因为你刚开始谈到早期教育对于塑造孩子成年后的生活具有重要作用。多谈谈这个问题，让我确保自己能准确描绘出你在早教方面的愿景。你期望孩子们长大后成为怎样的大人呢?

雅默尔 大体说来，在青年俱乐部工作时，你会看到缺乏早教培养会导致怎样的后果，也能看到那些从小就被送进幼儿园的孩子会受怎样的影响。很多人没钱送孩子去幼儿园，我目睹了这种情况的破坏性影响。参与早期教育使我对每个孩子经历教育体系的旅程有了更广泛的了解。

从幼儿园到学前班，再到小学的一二三年级，我工作时接触的孩子们中，有些是小学生，还有些已经读中学了。从事早期教育真正让我收获了很多实践经验，因为即使从事早教工作，我仍会为十三四岁的孩子提供辅导，这些孩子有着不同的需求。

丽莎 你在从事早期教育的同时，也在做青年工作吗?这真的是一个非常有帮助且广泛的领域，对不对?

雅默尔 是的。在了解了早教相关的全部内容后，处理年长些的孩子时就会更游刃有余了，因为你可以真正地审视整个问题，尤其是在行为管理和满足孩子的学习需求方面。你也可以真正理解，要做到积极的结果，就必须一步步来，循序渐进。没有什么事情只有一个既定的最终结果，也没有哪个孩子是完美的，他们永远不能一下子就做好所有事。不是这样的，我们只能一步步来。

比如说，学步的孩子。我们知道一开始他脖子上的肌肉会发育，接着脖子能抬起来，接着是上半身，再接着能够运用下半身力量，然后他们开始学会抓取抓取，接着是站立，之后还要经过不少步骤，才能迈出第一步。我总会在每一项工作中都这么去做，即使是对年龄大一点的孩子。

丽莎 我喜欢这个循序渐进的框架和这个类比，也很喜欢你在谈论这个过程时的微笑。真的很棒。当你想象一个孩子一步步站起来、迈出步伐的过程时，我能看到你眼中的光芒。

雅默尔 这真是太神奇了，因为当你真正看到一个孩子茁壮成长时，你就知道自己做的一定是对的。你知道我指的是什么吧？你正在改变世界，这就是让我早年一直坚持下去的原因，因为那些成果，能够帮助、培养和建设下一代。

丽莎 我们能否就社会不公正的背景来谈论这个问题呢？社会体系往往以人类是独立个体这个概念来运作，这可能导致人们忘记这些“个体”实际上生活在各种社区中，周围存在各种社会结构，这使得事情变得非常复杂和困难。我想知道你对此有何想法。作为一名在早期教育领域工作的男性，你的工作观点是否与大部分工作人员不同？

雅默尔 是的。在早教领域，男性占比约3%，其中大约有0.3%的男性是黑人。这也是我成为“早教中的男性”代表人物的原因之一。

当你熟悉个别儿童时，你会意识到他们只是孩子，但经济和社会因素会影响每个孩子以及他们获得的帮助和支持，人们对此也有不同的理解。例如，我曾在当地的幼儿园工作过，也曾在非常知名、资金充裕的机构工作过。显然，虽说孩子就是孩子，但很多幼儿园强调他们在设备、照料水平和职工配备方面提供的服务差异非常大。

确实存在差异，尤其是那些来自低收入家庭的孩子，他们每个人都有自己的故事。基本上，我想表达的是这一点。而且差异还是很大的。很多低收入家庭无法承担托儿费用，因此，很多孩子只能上半天课或者一周上三天或两天。而一些高收入家庭则能够支付全日托，并且不需要任何托儿费用资助。

很多时候，你会发现孩子一周的时间都被打乱了，尤其是来自低收入家庭的孩子，他们可能只能在幼儿园待两天或三天，这对他们的学习产生了影响，因为他们无法安顿下来，而且他们不得不不断地从家里、熟悉的环境和熟悉的面孔中转移到幼儿园。这本身就会干扰整个学习体验，因为从送孩子进幼儿园开始，你得让孩子安顿下来，向他们保证一切都好，然后时间转瞬而过，你得去接他们了。

如果你没有亲身经历，可能不会真正了解或关注这一点。当这些孩子进入小学时，你可以看到这种影响逐渐蔓延开来，因为他们之前往返于家和幼儿园之间，而现在他们被强行送进学校，需要进行整整一周的学习。这对他们的过渡产生了影响，也影响到他们整个学习体验。

丽莎 你认为在消除一些社会不公正问题方面，幼儿阶段扮演了什么样的角色？也许“消除”是一个过于强烈的词。我认为尤其是在早期阶段，幼儿教育确实在预防社会不公正方面起着重要作用。

雅默尔 我觉得在孩子的成长过程中，早期教育起着重要作用。比如，早期教育的变化与动态应该围绕孩子展开。我们的实践也应该以孩子为中心，提供的服务同样应该以孩子为中心。我认为，当我们创造一个模拟或反映社会的环境时，孩子更容易适应，因为这对他们来说是熟悉的。此外，我认为我们有责任创造一个即使孩子不熟悉也能引入更广泛社区概念的环境，让他们找到相关联的事物，并为日后的生活打下必要的基础。

我认为这是最重要的事情，同时也能帮助这些家庭，让他们的孩子不在幼儿园时，也能保持学习上的连贯性。尤其是涉及学习或在幼儿园与家庭之间的互动中，我们需要让家庭有一定的能力，确保其达到一定的标准，这将有助于孩子的学习。例如，提前告知孩子们“周四、周五你要去幼儿园啦，这是那里的孩子们正在学习的内容”或者“这是你老师的照片，这是你特想要的东西”。我认为这非常重要。当涉及社区、家庭和孩子时，我们在发挥重要的作用。

丽莎 在与家庭和社区合作方面，你有什么好的实践经验可以分享的？

雅默尔 倾听我们的家庭。倾听这些家庭，接受他们可能提出的任何建议和信息，甚至在文化方面，他们可能有关于书籍、歌曲、电影等方面的建议。每个人，就像我之前说过的，都有自己的故事。就像每个从业者、教育工作者、顾问都有自己的故事一样。我们都有自己的经验，当你在工作场所或幼儿园创造一个能够分享和倾听每个人的平台和文化时，你就能够建立积极的关系。

通过建立积极的关系，尤其是与家庭建立的家长合作伙伴关系，你就能够在幼儿园中建立这种关系，无论你在幼儿园做任何事情，家长都会感到更加舒适，更愿意参与和互动。当家长感到自在时，孩子也会感到自在。我认为，这也是多样性和包容性在工作人员中如此重要的原因，因为在涉及不同文化时存在隔阂。如果你走进一个没有你能够联系或共鸣的面孔的房间，你可能就会问自己，我应该在这里吗，我属于这里吗？

如果你的工作人员团队全是黑人，某天一个白人孩子进入房间，想象一下，那个白人孩子之前没有和任何黑人互动过，那会让他感到不安，不是吗？很重要的是，我们要有多样性，每个孩子都能找到一个能够与之联系的人，并且能够与整个工作人员团队建立关系，特别是看到每个成员之间的积极关系。

丽莎 我们知道在早期教育领域，女性工作者占据主导地位，而你是“早教中的男性”大使。有这个身份加持，你是如何鼓励更多男性加入这个行业的？而对于那些选择从事这个职业的男性来说，你认为有哪些真正的益处？当然，这种选择对孩子们有什么好处呢？

雅默尔 可以打破关于男性养育角色的偏见和消极的刻板印象。很多人认为男性不能扮演养育角色，这完全是无稽之谈。男性可以是养育者，他们可以换尿布，准备奶瓶，照顾孩子的需求，如果孩子感到不安或者有点害怕、谨慎，男性也可以给予关心。每个人都应该明白，所有男性都是不同的。没有完全一样的两个男人，正如没有完全相同的两个女人，我们每个人都在自己的领域有所贡献。

我们这个行业有来自泰晤士密德（Thamesmead）的约翰，他是一位非常热爱绘画的人，在绘画方面非常出色；还有史蒂文，他是一位非常擅长烹饪的厨师。每个人都有他们独特的特点，当你将这些特点带入教育行业时，就能够运用和分享你的经验。正如我之前所说的，你的经验就像搭建脚手架一样，帮助孩子们在以后的生活中认识到男性不是仅有单一的一张面孔。

早期教育往往被看作是女性的工作，很多男性并没有考虑将早教老师作为自己的职业。我认为媒体、报纸以及像我这样的“大使”需要不断给世界分享和展示好的实践经验。

这将会有所帮助。我认为这是最重要的事情，展示这个行业里男女共事，并与更广泛的社区分享这些信息。

丽莎 你带来的主要特质是什么?

雅默尔 我只是个疯狂的人，做很多不同的事。我在释放自己内心的小孩，喜欢卡通，喜欢画画，喜欢乱七八糟的游戏，热爱数学，热爱文字表达，热爱不同的文化，热爱音乐。我只是热衷于分享。我喜欢分享我的文化。以前在市里的一个幼儿园工作时，那里主要是白人和亚洲孩子，我每天都播放鲍勃 · 马利[1]的音乐，他的雷鬼音乐，孩子们会跳舞、唱歌，还会问问题。我觉得这就是我所能带来的，这就是我。

作为一个黑人男性，对于这些孩子中的大部分来说，他们可能没有与像我这样的黑人男性互动过。展示给孩子们看这就是我，我身为黑人男性喜欢什么，身为我自己又喜欢什么，这是非常重要的。我喜欢卡通，我热爱画画，喜欢这个，喜欢那个。让他们看到你享受这些，我认为享受的感觉也非常重要。我喜欢在早期教育领域工作。当孩子们看到你享受你所做的事情时，他们会从中得到启迪，他们会从中汲取能量。这就是我带给这个岗位的一些东西。

丽莎 我超爱这点，谢谢你。

雅默尔 我认为让教学方法和幼儿园服务更多元化的一个关键是，无论幼儿园里是否有黑人、亚洲人、犹太人或白人等，都应该让我们的幼儿园变得更多元化。有时候多元化被仅仅看作任务清单上的一个条目，很多人认为他们在教室图书

[1] 鲍勃 · 马利 (Bob Marley, 1945–1981) 是来自牙买加的著名音乐家和词曲创作人。他被公认为雷鬼音乐的鼻祖。鲍勃 · 马利的音乐深受全球各地的人们喜爱和尊敬，他的歌曲传达了社会正义、爱与和平的信息，也展现出他对牙买加文化、黑人解放和自由精神的关注。——译注

馆中放一本《汉达的惊喜》[1]就能让他们的书籍、图书馆和文学服务更具多元化，但这还不够好。我们需要做得更好。

即使你所在的社区主要是白人，这也是你架起沟通的桥梁、分享多元化的机会，引领这些孩子了解多样性，因为这些课程塑造着我们未来的社区，而社区中的人未来又会成为我们工作队伍，就此形成了以孩子为中心的无休止循环。我们需要考虑到这一因素，这就是我想分享的内容。另外，我正在写一本童书。书稿已经写好，内容是关于一个黑人男性托儿教师的经历，我目前正积极推动这个项目，践行我的实践理念。

感悟

与雅默尔的交谈真正凸显了早教领域中缺乏多样性的问题，不仅是缺少男性从业者，还有种族和文化多样性的缺乏。这种多元性的缺乏对观点、观察儿童的方式、育儿以及教育方面的影响可能极少受到大众讨论，也几乎不曾得到明确说明。

[1]《汉达的惊喜》（*Handa' s Surprise*）是一本儿童绘本，由艾琳·布朗（Eileen Browne）创作并绘制，讲述了来自肯尼亚的小女孩汉达给自己的朋友送水果的过程。——译注

讨论要点

如果我们将归属感理解成一种生物的内在需求，那么看到其他“和我们长得像”的人对于我们感到有归属感有多重要呢？

如果所有从事青少年工作的人都在早期教育领域工作过，相反地，早期教育工作者也有从事青少年工作的经验，这会给学习带来怎样的影响？

早期教育的不平等是否与某些地区失去了青年工作者有关，这会对身处成长阶段的孩子产生哪些影响？

3

与安迪·布赖尔利的对话

良好生活模型

当我们看待被卷入刑事司法程序的儿童与青少年时，很难不去注意到都有哪些孩子身陷其中。例如，根据相关研究，被监禁的这群儿童和青少年的背景有几个相关因素：约90%（议会科学技术办公室，2016）的人曾被学校开除，51%的青少年罪犯是黑人（英国监狱监察局，2017）、少数民族，大约50%曾经接受过寄养照顾（监狱改革信托基金会，2016）。换句话说，我们知道他们是谁，也了解他们过去的种种经历。

本章我将与安迪·布赖尔利对话，他是利兹青年司法服务机构的儿童寄养专家。

安迪 所以，我进入这个工作领域的途径非同寻常，因为我有不少犯罪记录。在17岁到23岁之间，我进过4次监狱。2007年，我在一家仓库工作时，突然意识到我非常适合向其他年轻人提供犯罪司法方面的见解。我想以一种相当天真的方式“回馈”社会，于是开始为利兹青年司法服务机构做志愿者工作。他们很快发现我非常擅长与青少年打交道，认为或许可以对我进行学术方面的培训，以便我能在青年司法领域工作。事情就这么发生了，在18个月内，我成了全职雇员。

丽莎 这么说的话，你在这个领域工作13年了，对吗？

安迪 是的，13年。现在我和青少年打交道时，会发现我入行时他们都没出生，这让我觉得自己已经老了。

丽莎 刚入行的时候你对未来有什么愿景吗？这13年的旅程有没有改变你的愿景？这期间有什么经验教训使你对自己的工作有了明确的目标？

安迪 嗯，我的愿景确实发生了变化。在2007年，当我开始为利兹青年司法服务机构做志愿者的时候，我看待问题的方式非常简单，我认为只要把我的见解传授给青少年，他们就会接受这些见解，做出更好的选择，过得更好。通过把自己的故事写成一本书并进行反思，再加上多年的实践和不断成熟的心态，我才有了不同的愿景。我现在认识到，我们在为儿童提供教育干预时需要同时简化问题并个性化干预手段。虽然这很重要，但很多儿童并没有能力理解他们行为背后的根本原因。社会的运作方式使儿童处于危害风险之中，我们在青少年司法中称之为风险因素。我曾经接触过许多儿童，他们缺乏所谓的保护性因素。实质上，我们真正要说的是儿童在逆境中挣扎，并且缺乏对支持性关系的依恋以缓冲这种经历。事实上，许多关系是危害的根源或者导致儿童出现关系贫乏的因素之一。

丽莎 这与布朗芬布伦纳的生态系统模型紧密契合，这个系统关乎一个人周遭的资源、适应能力的塑造以及青少年和儿童所享有的情感关系的力量。你认为刑事司法系统采用什么方式对待青少年及儿童问题最好呢？又或者全面地讲，你是否考虑过适当、一致的多机构合作的概念？

布朗芬布伦纳发展心理学生态系统理论

尤里安·布朗芬布伦纳，美国心理学家，他设计了一种理解儿童与环境之间相互作用及其与发展关系的方法，被称为生态系统理论。他认为儿童存在于不同的系统中，包括微系统、中系统、外系统、宏系统和时空系统。这些系统从最亲密的关系延伸到社区以及我们成长发展的更广泛的社会。

安迪 对我来说，我目前的新起点是，我们刚刚投资了25亿美元建造了四座新监狱。然而，根据当前情况，成年人在出狱后的12个月内再犯罪率为46%（英国司法部，2020）。这意味着每两名释放的囚犯中就有一人在12个月内再次犯罪。然而，我们花了这么多钱建造更多的监狱，而对于进入监狱的近一半人来说，这些监狱完全无效。与此相反，我认为这些资金应该大量投资于早期援助、多机构合作、社区投资、更好的学校、更好的教育、更好的住房。用丹·西格尔（Dan Siegel）的话来说，对于在这些地区成长的大部分年轻人而言，这将为他们提供拥有最佳人际关系经验的平台，这将预示着最好的可能结果。

因为当人们在犯罪道路上越走越远，并形成了对自己犯罪分子身份的认同时，试图改变他们就会变得异常困难。虽然他们的确有可能改变，但当我们看向重新犯罪率时，就必须考虑他们在被拘留之后如何重新融入社区，因为一旦被收押，我们所知的那些可以帮助他们稳定地不再犯罪的因素就会瓦解。所以，即使他们犯过罪，和司法系统扯上了关系，社区依然要有所投入。我们必须投资于“机会”，并给予第二次机会。因为他们一旦被释放，重新振作是非常、非常困难的事情，除非他们在释放后仍拥有一个完整的人际关系网。相信我，我做到了，我需要他人的支持帮助我培养自己的复原能力，在这点上，我们没法单打独斗。

丽莎 那么，让我们从社会不公正的视角来看待这个问题，这意味着某些儿童在刑事司法统计数据中更具代表性。在本章开头，我强调了一些有关被监禁的儿童和青少年的人口统计学数据，这些数据凸显了社会不公正的问题。再来看看这些数据中的多元交织性[1]，在被永久开除的学生中，有78%的学生要么有特殊教育需求（SEN）[2]，要么被归类为有需要或有资格享受免费学餐；而11%的被永久开除的学生同时具备这三个特征。我们还知道，加勒比地区的黑人儿童遭到永久开除的可能性大约是英国白人儿童的1.7倍，而白人和加勒比黑人生下的混血儿童遭到永久开除的可能性约为白人英国儿童的1.6倍。需要社会护理支持的孩子被永久开除的可能性约为没有这类需求的孩子的4倍（英国教育部，2019）。

那么，从社会公正的角度来看，你对此有什么看法呢？

---

[1] 多元交织性（intersectionality）是一个用于描述并考虑不同的社会身份和不平等经验交织在一起的概念。它强调了个体的多重身份和特征（如性别、种族、阶级、性取向等）如何相互交织，并对个体在社会中的地位和经验产生影响。该理论认为，不同的社会身份和不平等经历是相互关联的，无法独立探讨。通过多元交织性分析，我们可以更好地理解和解释不同群体面临的复杂的社会不平等和歧视问题。——译注

[2] 特殊教育需求，指那些在学习过程中需要额外帮助的学生，包括但不限于有学习障碍、注意力不集中、自闭症、情绪问题或身体残疾等特殊教育需求的学生。这些学生可能需要定制的教学计划、辅助工具或专门教育服务，以满足他们的学习和发展需求。——译注

安迪 有一个犯罪学模型叫做断念模型（the desistance model），目前支撑整个刑事司法系统的理论就是这个模型，它认为罪犯不会突然觉悟，脱罪是通过发挥自身优势而逐渐改变其身份的过程。在某种程度上，我同意这一观点，因为成熟需要时间，但我们并未真正关注罪犯身份背景的问题。因此，我们也认识到他们的身份认同需要改变，但据我所知，青年司法服务应该旨在将精力集中在预防因身份背景而造成的犯罪。因此，当我们审视那些身陷囹圄的儿童和青少年时，可以关注他们来自哪里。考虑到身份背景，我觉得实际上可以逐步剖析他们的身份，思考他们来自哪里，周围的成年人是什么样的，生活在哪个社区，以及他们在第一次出现潜在犯罪行为之前受到了怎样的影响。

我认为“犯罪关系网”是最重要的因素。这是什么意思呢？如果在你成长的家庭中，你的父母参与犯罪，或是阿姨、叔叔或其他亲戚有犯罪行为，那么你被送入刑事司法系统的可能性会显著升高。如果我们真正花时间考虑被关押的孩子的成长过程中身边环绕的人际关系，我想你会发现绝大多数孩子身边的成年人都与犯罪活动有关。

在成长过程中，与周围环境的关系极大地影响、塑造了孩子的大脑结构、自我观念以及对所处世界的看法。因此，所有上述的相关风险因素，包括成长在犯罪关系网中，以及童年期不良经历，都可能会增加孩子与青少年司法体系接触的可能性。

我认为，这就是我们应该着重进行跨机构合作的地方。在我看来，从刑事司法体系中收获的最佳方式之一就是我们所拥有的跨机构合作。因此，如果我们着重去思考孩子们的身份背景，并在预防犯罪阶段就进行跨机构合作，给家庭和父母予以支持，围绕儿童中心和许多贫困地区展开工作，我们将会在减少国内监禁人数方面取得更为显著的成果。相比于用于建造四所监狱的开支，这种方式将更加有效。

丽莎 安迪，作为一个对预防工作充满热情的人，我听到你这么说深感欣慰。这就是为什么我在工作中会同时与成人服务和儿童服务部门合作。忽略了孩子会长大成人、成年人也有童年的错误观点阻碍了我们整体的工作进展。而当我给人培训精神健康服务或酒精成瘾服务方面的内容，询问他们如何对待孩子、家庭以及如何支持家庭时，他们告诉我：“不，这是儿童服务部门的责任，与我们的成人服务无关。”对我来说，这自然而然地成了你所谈论的那种变革和愿景的障碍。

安迪 我认为我们必须开始思考与整个社区合作的问题，我们可以将儿童和成年人分开，但这不符合社区的运作方式，也不符合人际关系的运作方式。因此，我们需要开始在更广泛的背景下考虑这个问题……我知道这更具挑战性，因为从表面上看，与个体合作并对个体进行教育似乎是最容易的事情，但这并不符合我的经验，本次讨论开始时提供的任何与犯罪和再犯罪有关的统计数据中也没有反映这一点。

丽莎 你让我想起在缓刑监督部门做的一次培训工作，我在其中谈论了创伤、童年期不良经历和破碎的童年对人的影响。在那几次会上，小组中的一些人真正开始理解做与帮助成年人有关工作的必要性，并注意到了他们自己以及他们社区中的孩子们。有人提出了给成年囚犯提供亲子教育相关帮助的建议。我记得当时我还对为什么此前没有进行这样的工作感到好奇。对于缓刑人员来说，我们应该将了解创伤、逆境和缺乏良好依恋关系的影响作为其中一个要求。虽然已经有些项目和组织在从事这类工作，但我认为应该开展得更加全面。这次培训中出现的灵感也证明了缓刑监督部门官员的创造力……因为这表明体制以及体制内的个人敢于站出来实实在在地说，对，我们可以做得更好。这在刑事司法系统的任何方面都可能是一个挑战。

安迪 这种情况发生得不够多，因为大家的思维方式完全建立在专注于行为的观念之上。刑事司法系统的整体模式是专注于某人的行为。然而，在这种情况下，这些人没有被视为有潜在价值的人。他们会感到自己的身份和价值是由他们所做的选择决定的。我的工作中没出现过你说的这种情况。此前我们聊过，我从没有那样与人合作过。我不相信我有改变别人的能力。我有能力与他们建立关系，通过这种关系，我们可以一起进行一段旅程，希望能帮助他们做出一些更好的选择。这很少是通过去讨论他们所犯的入室行窃或抢劫行径能实现的。而是以解决问题为重点，着眼未来。让我们想想，基于断念理论和良好生活模型[1]，你需要走到哪里才可以迎来新生活。但请相信我所说的，司法系统仍然是以风险为导向的体系，并且这种情况在相当长的一段时间内都会持续下去。所有的评估工具都以管理风险和外部控制为导向，因此我们培训司法从业人员主要关注评估犯罪风险和预测可能的犯罪行为。

举个例子，目前我正在做一个16岁的少年犯的工作。他的

[1] 良好生活模型（Good Lives Model）是一种刑罚和矫正的理论框架，旨在帮助犯罪者重建和实现有意义的生活。该模型强调个体的正面发展和生活目标的实现，而不仅仅是对犯罪行为的惩罚和控制。——译注

犯罪行为相当频繁、很严重，他经常谈论犯罪、暴力和罪行。前几天，他对我说："我原本并不想当一个父亲，但现在我真的觉得我想做一个爸爸。" 对我来说，这是最终的成功。作为一个有犯罪背景的榜样，我曾对他说："我人生中最美好的事情，是睡前亲吻我女儿的那一刻。" 这个孩子的父亲因药物成瘾去世，此前，他总是被父亲关在房间里。如今他终于开始思考："我想成为怎样的大人，怎样的父亲？"

这并不意味着他不会被释放，也不意味着他之后不会再犯罪，但因我们所建立的关系，他开始思考他想成为的成年人，并且想知道自己是否能成为比他父亲更好的父亲。从现在到将来，希望他可以开始做出更好的选择，以实现这个目标，因为没有人会一夜之间改变。要做到这一点，需要有一个非常出色的方案或干预措施。我们应该为这些孩子寻找榜样，并与他们认同的成年人合作，成为榜样，通过提供机会并确保他们理解自己既是问题也是解决方案。我认为，分裂和征服并不是解决问题的方法，包容和社区合作才能带来更大的成功。

丽莎 在这里结束这段对话太完美了，因为实际上，我非常热衷于帮助人们去想象孩子们会成为怎样的大人。你刚刚进一步推动了这个问题，即我们如何帮助孩子去思考他们未来的模样。现在，如果孩子都能去思考这一点，那我们这些大人、我们的体系和服务部门当然也能够做到。

感悟

在我参观格伦登监狱（英国唯一的专门治疗性监狱）时，我听到了那里的犯人讲述自己的故事。每个人都讲述了他们的童年创伤、逆境和曾经失去的东西。当然，我们不能忘记受害者，在这之间找到一种平衡非常重要。然而，如果我们真正理解罪行与依恋、逆境和创伤的关系，我们是否会提供不同的判决，例如罪犯需要的是干预治疗还是监禁？孩子从何时开始不再是孩子而成为犯罪者？这些问题存在于许多研究论文中，但对于学术圈外的普通人来说是无法获得的，而那些能够引领公众接受不同理念的政治意愿也尚未浮现。

讨论要点

在多机构合作方面，你有哪些好的经验？

在哪些环境下可以保护那些“容易被利用”的儿童，如何让他们不被他人利用？

如何将青少年视为“有见解、有成就、有贡献的人”而不仅仅是需要被引导、被监督、被管理、被惩罚的孩子？

4

与“到月亮上再回来”寄养机构的对话

敢于关爱、培育关系的方法与专业人士的关爱

第一部分的最后一次对话是与寄养机构“到月亮上再回来”的安吉拉·亨特和艾莉森·金德雷德·伯恩进行的。

安吉拉是“到月亮上再回来”寄养机构的联合创始人，曾有过为成人提供相关帮助的工作经验。她偶然进入寄养行业参与了为期12周的咨询项目，之后深深迷上了这个行业。艾莉森是该机构的另一位创始人。她有超过25年的社会工作经验，主要是通过提供治疗性住所的服务机构以及提供寄养服务的机构为被寄养的儿童提供帮助。

我想与安吉拉和艾莉森进行一次对话，因为她们所在的机构是一个与众不同的寄养机构，听完这些对话，你就知道为什么了。

丽莎　本书中收录的对话都是围绕有意义、对从事与儿童和青少年相关工作的人有所影响的内容展开的。这些对话中可能包含了我们在最初开始工作时不知道的信息，以及我们可以传授的一些宝贵的、充满智慧的经验。但我真的很想先

说两句，“到月亮上再回来”，这个名字太可爱了。

安吉拉 我们绞尽脑汁想了很多可能的名字，各种各样的词。有次我们想着，自己愿意为这些孩子们走多远呢，这个名字就浮现在脑海中了。到月亮上再回来。最近我们简单叫它“月亮与归途”，还有位刚入职的新员工叫我们“向月球”。我很喜欢这个，“向月球”，听起来很棒。

丽莎 我猜，“到月亮上再回来”这个名字来自一个特别的、和爱有关的故事，对吗?

艾莉森 当然，其实和两本童书有关，《猜猜我有多爱你》(*Guess How Much I Love You*)和《我爱你到月亮上再回来》(*I Love You to the Moon and Back*)。这两本书都和关系的构建以及我们的情感紧密相关，我们的名字概括了这一切。我觉得让大家看到我们能给他们带来什么非常重要。我们希望我们的寄养家庭和团队坚信，为了照顾这些孩子，他们愿意为我们照顾的孩子们去“到月亮上再回来”。我们要求他们对自己所建立的人际关系作出承诺，表现出高度的同情、温暖和爱护，就像对待自己的家人一般。

安吉拉 我们公司有五大原则，其中之一就是“敢于深情关怀”。我们努力与寄养家庭建立良好的关系，尊重、关心他们，希望他们也感受到自己是被人关心着的。寄养家庭情绪偶尔起伏不定，好像生活在一个金鱼缸中，常常被很多人关注。因此给这些寄养家庭提供一个安全的空间就非常重要，这里的安全指的是建立在信任基础上的一种关系，这种关系让寄养家庭能对我们敞开心扉，在事情不顺利时表达自己的真实感受，不用担心别人认为他们不能胜任这个工作，不用担心受人指责而让他们有更糟糕的感受。这来源于拥有平等关系的感觉。我们觉得自己能够与寄养家庭分享一些关于自己的事情，因为从他们的评估中我们了解了很多关于他们的信息，所以他们也应该了解一些关于我们的事情，这是公平的。我们以一个安全的方式展示自己，建立关系，但同时保持边界。这并不妨碍我们进行真诚的对话，事实上，它有助于更好地沟通。我们的工作基础是成为寄养家庭的安全基地，而他们成为照顾孩子们的安全基地。

我们要求他们展现出最好的自己，带着温暖、创造力和爱心，让他们不要害怕对自己照顾的孩子产生爱的感觉。这样的要求符合丹·休斯（Dan Hughes）的 PACE（playfulness, acceptance, curiosity, empathy）养育方法——**有趣、接纳、好奇、共情**。我们发现我们的许多寄养家庭天生就做到了这一点。我们希望我们的家庭展示他们的情感和关怀。如今大家仍在探讨孩子们是否应该“被拥抱”。通过使自己敢于提供深层次的关爱，我们致力于创建一个所有人都高度关注幸福感的企业文化，而“幸福感引领我们幸福地工作”。

丽莎　我在想有关寄养机构中爱的问题。爱甚至是需要被明确提出来的一个要求，这很有趣。我的意思是，我很好奇我们处在一个什么样的情况下，以至于爱、养育和照顾孩子都需要作为要求被明确表达出来，就像你所做的那样。跟我聊聊与这相关的事儿吧。

艾莉森　当然，多年来，我觉得咱们的行业变得非常爱规避风险，大家普遍觉得专业精神和安全照护是我们保护孩子们需要考虑的首要因素。然而，结果是孩子们感觉不到爱，反而会觉得和人之间有隔阂。莱姆·西舍（Lemn Sissay）在首届社会教育职业协会会议上分享了他身为一名寄养儿童的经历。他说，他的社工曾告诉他，她不能在工作中投注情感。他描述了自己身为一个孩子听到这些话时的感受，让人心碎不已。

对于我们来说，明确要求寄养家庭去投注爱同时让他们能够感受到对自己照顾的孩子存在温暖的感情，感受到孩子们需要知道他们被寄养父母所珍视、所珍爱，这真的很重要。无论是在亲生家庭还是在代养家庭之中，如果你感受不到被爱或被需要的感觉，那是非常可怕的。感受到被爱很重要，这是每个人都希望得到的。

我们希望我们的团队理解被尊重、被关心和被爱的重要性，愿意为此创造机会，并为实现这一目标付出自己的努力。孩子们离开时可能会感到痛苦，这是不可避免的，但我们是成年人，这是寄养过程的一部分，我们可以帮助这些寄养父母。不是说我们知道自己在分离的那一刻会悲伤、痛苦，就可以不去表达心中真正的关爱。我们希望团队成员和寄养父母能够展示他们的爱，在与孩子们分离时表达出他们的感伤。没有人愿意看到自己离开时无人为自己落泪，听不见一句“我会想你的”。无论这样的离开是走向成年、被人领养，还是去其他地方。

丽莎　是的，在2019年利物浦举行的儿童寄养服务会议上，所有参与者都是有过相关经历的人，他们都谈到了在寄养服务中缺乏关爱的问题。我认为，我们不仅应该进行相关对话，还应该明确地将其列为我们应做的事务，这样会非常好。

艾莉森　对我们来说，让寄养家庭和企业员工感觉到自己得到了我们的支持，且我们的确能够做到这一点，这是非常重要的。那些在加入我们之前曾和其他寄养机构合作过的家庭的确存在一种恐惧感，我们也确实听到过这样的声音。他们问道：“我们能这么做吗？你会因为我拥抱一个孩子、表达我的感情或是在孩子面前哭泣而责备我吗？”重要的是要认识到，孩子们学会管理自己情绪的积极方式之一，就是看到其他人如何优秀地管理自己的情绪。如果他们看不到有人可以积极地处理悲伤或愤怒，那未来他们也就很难做到这一点。我们寄养家庭的任务是诚实地展示自己，展现自己的真实感受。我们希望他们能够表达自己的情感，能够帮助孩子们认识到拥有感受是正常的，重要的是如何处理这些情感以及尊重他人的感受。能够展示自己这一面，带着好奇心倾听情绪和行为，将其视为重要的非语言沟通方式，对我们的团队成员来说至关重要。

丽莎 在情商方面，领导力是个重要问题，贯穿在我们的对话中。我听到过一些非常不愉快的故事，比如寄养家庭被要求让孩子穿泳衣洗澡，以及其他不符合正常有爱的家庭生活的事情。所以关键在于，当你在创办像“到月亮上再回来”这样的机构时，你要确保自己所有的价值观、政策和流程都融入其中。

艾莉森 还要确保能明确传达出这些东西，好让大家都清楚如何满足孩子的亲密需求、让彼此有安全感，因为并非所有专业人士都同意采取这种工作方式。我想起之前，有一次安吉拉和我在一个会议上做报告，我们分享了一个孩子的故事，这个孩子每晚都会深感痛苦。我们了解到，她之前在家里经历了很多糟糕的事。我们告诉大家，寄养家长会和她同屋睡觉，就像孩子做噩梦的时候你身为父母会做的那样。但是，另一家寄养机构的寄养家庭告诉这名寄养家长：“你不被允许这么做。”身处同一个团队，那你还能怎么做呢？是让孩子深夜痛苦不已，无法入睡，还是给孩子穿上睡衣浴袍，温柔地抱着他们入眠，就像很多人在自己的孩子做噩梦时会做的那样？

我们觉得在会议上谈论这个问题非常重要，而且其他专业人士需要听到这一点，实际上，以保护家庭为目标而非专注于儿童需求的安全护理政策经常阻碍人们做正确的事情，让他们感到无法采取行动。因此，那些被寄养的孩子无法得到他们真正需要的关怀和同情，因为我们太过担心是不是会有人借此做一些违法的事，而不是简单地建立情感连接和回应。

丽莎 这很微妙，对吗？

艾莉森 对。

丽莎 这些对话并不简单，这涉及的范围太棘手了，不是容易的事，对吗？

艾莉森 不错。

安吉拉 这又回到了我们“敢于提供深层次的关爱”的价值观的重要性，因为我们本可以只说“我们在乎”。但是这个价值观背后的意义是，因为我们深切关心孩子，所以我们敢于并且准备挑战假设。我们可以证明寄养家长所采取的行动对孩子产生了积极的影响。很高兴有一些临床医生也参加了会议，并在我们发言后来找我们，说他们很高兴听到我们鼓励寄养家长采取的行动。

我们俩非常坚定，也有能力与人辩论我们的文化导向、价值观和信念的重要性。然而作为一个新组织，有时候站出来反驳并质疑其他专业人士的假设是一项挑战，因为我们需要确保在这个过程中不会让人们对通过不同方式取得伟大成就的可能性感到失望。

丽莎 你的描述给我的感觉是，你在那些可能不太接受这种思维方式的空间和场所中挺身而出，勇于展现更加激进的思维。而这么做的关键在于，引导他人不再害怕这样做，让他们在这方面感到绝对的舒适和自信。

艾莉森 我认为这是为了向我们的寄养家庭和员工传达一种安全感，因为他们需要感受到自己是受保护的。我们要求人们在面对风险时做出明智的决策，敢于提供深层次的关爱，但我们也明白并不是每个组织都像我们一样运作，因此我们可能会面临挑战。我们公开谈论风险，并鼓励寄养家庭每天权衡他们所面临的风险。我们会做好记录，及时更新，妥善落实相关政策和系统，并确保实现我们的承诺。

我们经常反思我们所做的事情，以确定是否存在不同或更有效的方式。我们以事实为依据开展工作，偶尔也勇于与众不同。我们的工作体贴入微。我们之所以这么做，是因为我们关心孩子，也因为专业知识告诉我们那是他们需要的。我们知道疗愈工作离不开积极的人际关系。正如凯伦·特雷斯曼博士所言：“关系创伤需要关系修复。”

我们所从事的工作和所面临的风险都建立在对青少年和寄养家庭的充分了解之上。如果我们认为为青少年或寄养家庭做某件事是对的，那我们的方式是去思考怎么才能做好这件事，怎样才能实现我们期待为孩子们达成的结果。

再回到我们刚提到的例子——那个需要有人在晚上密切陪伴才能有安全感的女孩，寄养家庭之所以也有足够安全感，还能满足她的需求，是因为寄养家庭知道虽说人们会质疑她的行为，但这些行为是经过风险评估的、符合安全照护计划的一部分，且已经进行过透明的讨论。尽管曾有同行告诉她，不应该这么做，她仍觉得自己可以如此。她对这个孩子睡眠障碍的触发因素表现出极大的好奇。她帮助一个孩子得以安宁，感受到被人关爱。

我们仍然可以富有同情心。我们可以冒险，可以做一些激进的事情。虽然我们不认为整夜蜷缩在一个受创伤的孩子身边是激进的，但其他人可能会这么想。我们这样做也是在给周围的人安全感。这可能会挑战人们的观点，但我们不想听到人们说，“我从来不知道我可以抱孩子”。

丽莎 你之前谈到怎么去帮助寄养家庭获得安全感，感到自己有人支持、状态良好，能不能分享更多有关这一点的内容？

艾莉森 这始于我们的企业文化——对建立信任关系的支持。我们的运作模式让我们的社工主管有足够的时间和能力与各个家庭建立密切关系，真正地了解这些家庭。我们花费很多时间招募寄养家庭，让我们能充分了解他们，也让他们能了解自己，了解他们的脆弱和能触发他们消极心理的因素。我们邀请他们向我们敞开心扉，展示自己的脆弱。我们希望员工能利用我们对良好关系的认识以及对如何建立良好关系的了解，创造一个给予人们帮助的环境，让人感到轻松自在。在其中，我们认真履行我们的照护责任，考虑到同情疲劳[1]/继发性创伤[2]，以及这两种情绪在每个家庭中可能会呈现怎样的情况。

我们想提供一些积极主动的帮助，同时考虑到上述所有因素。真正的支持不仅仅是知道电话那头有人——它来自真正的尊重和重视，情感上的支持，以及成为信任关系的

[1] 同情疲劳（compassion fatigue）指在长期从事应对他人苦难和痛苦的工作或情境下，出现对他人情感需求的疲劳和厌倦感。这种情绪通常出现在那些在护理、医疗、心理咨询、社工等领域从事关心和支持他人的职业人士中。——译注

[2] 继发性创伤（secondary trauma）指通过间接接触或了解他人的创伤经历而产生的创伤反应。这种创伤不是直接经历，而是通过与受创者或创伤事件相关的信息和经历而产生的。——译注

一部分。我们的家庭经历过高潮和低谷，有些人自己也经历过创伤，他们经常出于无私的理由来到这个行业，带来他们自己的想法、创伤和人际关系。作为我们工作的一部分，我们有责任照顾他们，我们努力确保我们的团队充分了解他们正在监督的家庭，他们有时间和能力做到这一点。真正做好监督工作是需要时间的，不仅仅是坐在沙发上舒舒服服聊聊天。如果寄养家庭觉得自己处在一个不会被指责或羞辱的环境中，监督就会更有效。在这个环境中，他们可以积极地反思哪些做得还不错，哪些可以做得更好。当我们犯错时，我们会反思。我们会问，我做了什么？为什么要这么做？有更好的方法吗？有关这个寄养家庭的具体情况，我对这个孩子和我自己有什么了解？

我们需要以身作则。对员工说“对不起，那不太好”并询问是否有更好的方法非常重要。我们敢于支持他们，在他们受到职业批评时支持他们。我们不会为了与委托我们服务的地方机构搞好关系而妥协我们的价值观。这不如做正确的事情重要。在这个过程中，我们不是不处理问题或不解决做法上的不足，而是在开放、透明和尊重的关系框架内解决问题。

丽莎　这对孩子们产生了什么影响？

安吉拉　非常有益的影响。作为一个更成熟的组织，我们现在可以证明这一点。我们始终都认为这种工作模式会奏效，我们也一直知道，通过在一开始就与寄养家庭建立良好的关系，我们可以为儿童和孩子们带来真正不一样的结果。

这一切从初次对话后的询问阶段、评估过程开始，因为我们希望人们了解与我们合作去提供寄养服务的真实情况和实际内容。我们希望人们能够成功，重要的是让人们认识到评估过程也是他们的学习过程，他们可能会意识到寄养并不适合他们，而这是可以接受的。我们的工作方式和别人不同，我们需要知道人们是否能够按照我们的方式工作。不是说如果不这么做他们就不能当寄养家庭了，而是说他们可能会因为这种工作方式而遇到困难。

我们所用的是一支核心评估员团队，他们了解我们的文化和理念，和我们关系很好。在评估期间至关重要的是，评估员与被评估的家庭建立积极的关系，确保人们有足够的安全感，能够坦诚地告诉我们关于他们生活、情感和所面临的挑战的一切。通过这样做，我们可以很清楚地了解一个家庭的情况，而后，艾莉森会负责对寄养家庭和孩子进行匹配，此时我们得到了很充足的信息。做好匹配工作是支持孩子实现其真正潜力的重要组成部分。

有趣的是，很多人觉得他们适合某种类型的孩子，但最终发现对于这个家庭来说，真正匹配的孩子可能与他们最初认为的最合适的孩子完全不同。例如，曾经有寄养家庭表示："我们只想收男孩，而且只想收年幼的孩子，最理想的是小学生。"不过最后，他们成了能为青少年女孩提供安全感与稳定感的家庭，这些女孩也取得了非常出色的成就。我们向寄养家庭展示年轻人的潜力，这些潜力可能是他们之前没有考虑过的。

寄养家庭数目实在太少。如果只是以我们一贯的方式继续下去，什么都不会改变。我们必须继续努力，为有寄养经历的儿童改善最终结果。我们尊重自愿成为寄养家庭成员的人。我们会好好对待他们，因为他们受到了鼓舞，有勇气大声说出口："你知道吗？我想我能做到。"寄养照护是非常无私的选择。寄养家庭做这些事得不到丰厚的报酬，但他们被视作是一种专业人士；我们对寄养家庭期望很高，他们也会反复说，这值得，因为他们看到了自己伸出的援助之手成就了怎样的结果。根据布里斯托大学对继发性创伤进行的研究，其中一位被采访的寄养家庭成员谈及大家对寄养家庭的期望：“寄养是要将最极端的行为变得正常，并假装这是一种正常的生活，但实际上它并不是一种真正正常的生活。”

我们有责任确保他们做好充分的准备，处于一个适合他们成长的环境中。我们总是说我们希望寄养家庭成功。一般来说，寄养家庭适合一群渴望做到最好的人，并且有时与他们并肩同行会很困难，因为他们渴望变得出色。我们的工作是确保他们感到自己是出色的，因为他们真的很了不起，与他们并肩同行是一种荣幸。

我们不会有意将孩子置于一个得不到寄养家庭很好的帮助的境地。因为寄养关系破裂对每个人而言都很可怕，对孩子尤其如此。寄养家庭对此会感到非常痛苦，对一些人来说，这可能意味着与寄养行业分道扬镳，这是一种巨大的损失。哪有寄养组织会想这么做呢？

丽莎 每次和你们谈起寄养，我总是想成为一名寄养照顾者。

安吉拉 来吧，我们非常欢迎你。

丽莎 你们对这个问题的描述总让它听起来很美好。我在想，如果你们成为一个更大的机构，会不会担心失去维持这种关系的方法？就是说，一个企业是否会面临一种抉择，要么集中精力追求经济增长和财务利益，而忽视已建立的关系，要么维持关注并发展良好的关系，但不过度扩展到可能危及这些关系的临界点。

艾莉森 我们真的相信可以既维持这些关系，又实现经济增长。然而，当机构招入新员工时，维持企业文化非常重要。吸引合适的人才也至关重要，就是那些真心相信我们的愿景的人，他们尊重符合我们价值观的工作方式，还会质疑那些在日常工作中不接受这些价值观的人。

我们认为，采用继任者计划并在合适的时机引入合适的人才非常重要。我们相信通过引入与我们价值观相符的合适人才，可以实现不错的经济增长。我们的目标是好好对待员工，让他们永远不想离开这个大家庭。我们的管理到位，体系和流程不断改善升级，这样我们才能确保一直为寄养家庭和孩子们提供卓越的服务，无论领导者是我和安吉拉，还是此后的其他人。我们留下了一份遗产。我们是一个以目的为导向的机构，希望为我们的寄养家庭提供最棒的支持，以使他们能让孩子们创造出最好的成果。

丽莎 这期间你面临过怎样的挑战，又收获了怎样的经验呢？

艾莉森 我想我们一路走来学到了很多。尽管我们对自己和我们的工作模式有极大的信心，但有时我们也会质疑我们所做的是否正确。我们的期望可能远远超过了我们在自己设定的时间范围内所能实现的目标。**我们是自己的投资人**，非常幸运地拥有与我们的愿景一致并愿意给予我们如此多支持的优秀员工，我们欠他们一个大大的感谢。有时候降低期望会不那么难，但期望越高，就越意味着我们已经取得了很多成就。这感觉很棒。

丽莎 **努力去够星星，你将到达树的顶端。**

艾莉森 不能更同意了。

安吉拉 在这段时间里，我们成果斐然。有时候可能会遇到财务上的一些困难，但我们的愿景一直很诱人，而且我们得到了很多帮助，对此我们不胜感激。我们想激励此前未参与过的人加入寄养队伍，为了让有意之士听见我们的声音，等待的时间肯定比我们所想的还要长。市场营销的确不是我们的优势，但建立关系、与人合作是，我们通过这种方式创造了更多机会。我们做到了，且不后悔所做的一切。这场风暴我们已经挺过，如今所处的位置也十分有利，我们知道，自己所创造的，已经给很多人的生活带来了积极的影响。

我们明白，对于其他加入我们团队的人来说，要充分理解我们的目标、理解我们希望如何继续前行，是有一定难度的。我们希望让其他人有能力接管这个机构的相关服务，但“月亮与归途”是我们的孩子，在某种程度上，我们必须接受有一天要把这个孩子送到别人手里。老实说，这就是创业者的噩梦。

我们之所以学到这么多，是因为我们问了正确的问题——“告诉我们，哪里能够做得更好”，更重要的是，我们倾听了大家的反馈，采取了相应的行动，即使是在真的不喜欢某条反馈或者真心不愿意听到某条反馈时也是如此。我们接受了它，也得以进化成功。

真正的挑战是不断去质疑我们做某些事情的原因，去思考还可以用哪些不同的方式让孩子们的人生迎来不一样的结果。有时专精于少量的案例，能带来更好的结果，我们已经证实了这一点，这也不是像火箭升空那样难理解的大道理，对吧？

当第一位寄养照顾者加入我们，问我们有多少寄养家庭时，我们只好告诉他：“你是第一个。”但他们很聪明，表示自己也敢于给予这份关爱，也想加入这个大家庭！他们勇敢地与我们共舞，而我们在不知不觉间，又多了几位舞伴。

我们每天都备受这些寄养家庭的鼓舞。

丽莎 所以说，我们今天对话的主题其实是，种下种子，种子慢慢开始生长的过程。我们谈到了你们的机构最初的那些“种子”与之后的成长，还有那些寄养家庭的“种子”与成长，这个比喻非常美，非常恰当。这最终就是为孩子们创造一个合适的成长环境的方式。非常感谢你们二位。

安吉拉 你认为我们身处那个阶段，我很爱这个观点。

丽莎 绝对是，那太可爱了。感觉非常不错。

感悟

与寄养机构讨论爱与人际关系不应该让人感到非比寻常或是与众不同，但不知何故，在寄养领域，事实确实如此。对于各大机构而言，寄养孩子是一门大生意，要寻找一个空间，可以开展一场关于爱、人际关系与治疗的对话，不是件容易事。寄养作为一门产业，价值数百万美元。英国地方政府每年在英国国家寄养机构、康帕斯寄养机构和寄养协会这三家主要寄养机构上的支出超过三亿英镑。毫无疑问，把经济利益和身处弱势的孩子捆绑在一起的做法十分危险。因此，对于那些无法与自己的家人一起生活的孩子（无论出于何种原因）而言真正重要的是什么，这是一个值得我们思考、讨论的问题。

讨论要点

对你而言，“专业人士的关爱”代表什么？

提到一些与风险相关的内容时，本章对话的某些内容会不会让你觉得不太舒服？

当考虑如何匹配孩子与寄养家庭时，寄养机构可能会遇到哪些挑战？

第二部分

有关逆境的思考

光辉

当光辉落下，洒在身上
我站起身，闪着光芒，从每个毛孔
发出强光，我不会

被生活摧毁，我的黄金，
我的力量，还有那银色的光芒让你沐浴在爱中，
紫色之光领着舞，打开路

我不会犹豫，沿着属于我的路
依偎在角落和缝隙之间
而当太阳升起，

派对上的人纷纷离去，此时
你将会发现，我的欲求未被满足
我仍在找寻生命之真谛
……

克丽茜·凯利

简介

在本书的第一部分，我们探讨了依恋相关的概念，开始加深了我们对孩子们长大会成为的成年人的理解。我们探索了理解生命伊始的重要性和童年早期经历对我们的影响。我们需要了解儿童发展知识以应对日常工作，从而帮助人们理解依恋、逆境和创伤的复杂影响。这些知识使那些从事儿童和青少年工作的人能够以帮助孩子们从创伤中恢复过来的方式做出回应，而不是无意中增加他们的创伤。从业者能够了解儿童如何发展有利于所有的孩子，而不仅仅是那些依赖于我们拥有这些知识的孩子，即我们工作中直接接触的孩子。

在本书的第二部分，我们将探讨逆境。应对童年期不良经历是复杂的，但这能为我们奠定一个探索该领域的基础。在之后的章节中，我们的对话重点是将依恋知识和童年逆境融合在一起的方法，通过创造一种以关系为基础的、安全的环境，培养孩子的情绪调节能力，以实现这一目标。

虽然这些方法的直接受益者往往是一些生活中正面临挑战的孩子，但其实所有孩子都有可能从中受益。对于那些经受过诸如贫穷或种族歧视等结构性不平等问题的人、那些依据英国《儿童法案》(1989)标准被认定为“需要帮助”的人与被那些地方权威机构照看或被收养的人而言，关系型方法十分重要。

童年期不良经历

能对发生在自己身上的事情有所理解对我们而言十分重要，这将对我们的整个人生产生影响，这个概念对所有从事儿童、青少年及家庭服务的专业人士来说可谓老生常谈。理想状态下，儿童成长、发育及提升恢复能力所需的支持、依恋与养育应该都发生在家庭这个单位之中。然而，有些儿童无法在家中获得这种支持，他们的确需要在教育环境中或者在课外活动场所（如体育、音乐和舞蹈俱乐部）中找到一个可以与他们建立关系的成年人。正是这些关系对那些无法获得这种支持的儿童和青少年产生了根本影响。在很多情况下，这些高质量的关系在一定程度上是逆境的缓冲器，还会对依赖这些关系的孩子产生实质性的影响。

美国凯撒健康计划医疗集团（Kaiser Permanente Health Maintenance Organisation）最早于1995—1997年进行了童年期不良经历的研究，研究内容包括两拨数据收集。调查中，共17000名成年人完成了10个有关人生的前18年间童年经历的问题。下文是最初研究中的问题：

1.你的父母或者家中的其他成年人是否经常……辱骂\侮辱\贬低\羞辱你或做出什么让你担心会对你造成生理伤害的行为？

2.你的父母或者家中的其他成年人是否经常……推你、

抓你、拍你或者向你扔东西？他们是否经常用力打你使你身上留下痕迹或受伤？

3.是否有一名成年人或者大你五岁以上的人……以一种带有性意味的方式触摸、抚摸你或让你触摸他的身体？

4.你是否经常感到……家里没有人爱你或认为你是重要的、特别的？或者说你的家人之间并不互相关心、亲近或支持彼此？

5.你是否经常感到……没有足够的食物可吃，不得不穿着脏衣服，没有人可以保护你？你的父母是否常常喝醉或吸毒，无法照顾你，无法带你去看医生，即使你需要？

6.你的父母是否曾经分居或离过婚？

7.你的母亲或继母是否经常被推搡、被抓、被打耳光或被扔东西？是否经常被踢、咬、被用拳头或硬物殴打？是否曾经在至少几分钟内被反复殴打，或被枪支或刀具威胁？

8.你是否和有酗酒问题的人、酒鬼或者滥用市售药品的人一起生活？

9.你的家庭成员是否患抑郁症或精神疾病？你的家庭成员是否曾自杀未遂？

10.你的家庭成员是否曾被监禁入狱？

这项大型研究涉及的参与者主要是白人、中产阶级、受过大学教育的人，结果显示，一个人经历的童年期不良经历越多，他们患心脏病、糖尿病和癌症等健康问题的可能性就越大。

在英国，威尔士、诺桑普顿郡、卢顿、赫特福德郡和苏格兰都开展过童年期不良经历的研究。这些研究之间存在一些差异，由于使用了不同的测量和评估标准，因此很难进行直接比较。例如，在苏格兰，他们发现2004—2005年出生的大多数儿童在8岁时已经经历过一种童年期不良经历，这与其他研究（Marryat和Frank，2019）相比不太理想。而最早的童年期不良经历研究表明，童年期不良经历与青少年吸烟、青少年性行为、青少年怀孕和学业成绩差相关。然而，所有的研究结果都显示出相似的趋势，且都提倡在早期进行支持和干预措施。

最初的研究还发现，童年期不良经历并不特别罕见或异常。处境艰难和在不利环境中生活的儿童随处可见。性侵犯、身体虐待、被忽视、家庭暴力、成瘾问题只是许多儿童在日常生活中面对的一部分经历。这在2019年英格兰儿童事务专员进行的脆弱性报告中得到了体现，该报告发现，平均每个教室有四名儿童面临心理健康问题，四名儿童生活在存在家庭暴力、药物滥用和/或严重心理健康问题的家庭，还有六名儿童的成长因家庭情况面临风险（儿童事务专员办公室，2019）。

“童年期不良经历”这一术语为我们理解童年经历如何影响整个人生提供了一个参照标准。然而，它只是其中一种视角，除童年期不良经历外，还有其他因素会影响到个人的发展和经历。埃文河父母与孩子的跟踪研究（Avon Longitudinal Study of Parents and Children）对1991—1992年间在英格兰西南部埃文河地区出生的儿童开展了研究。研究范围包括以下方面的童年期不良经历：父母离异、亲人离世、父母间的暴力冲突、父母心理健康问题、父母酗酒、父母药物滥用、父母犯罪记录，以及出生至19岁期间的性虐待、情感虐待和身体虐待。美国最早的童年期不良经历研究中没有囊括“亲密家庭成员的死亡”这一点。这项研究发现，存在一些特定的童年期不良经历集群（它们往往同时出现或关系密切），如父母离异和母亲的心理健康问题，同时，贫穷与这类童年期不良经历集群之间存在很强的关联。在干预预防性服务这个领域，对逆境问题进行更细致入微的思考比简单将逆境视为一系列孤立事件更有帮助。

对于逆境、创伤和依恋问题之间的混淆也是一个挑战。童年期不良经历研究的一个优点是简洁性，这意味着理解“你经历了什么”而不是“你有什么问题”这样的关键信息可以完全改变我们的回应。童年期不良经历的框架和语言能够跨越各个领域和学科，成为主流人群可以理解的概念。然而，这个优势同时也是一个弱点，因为对童年期不良经历研究的解读可能不那么细致入微，欠缺学术性和经验性。理论与研究应当相辅相成，研究人员也应该谨慎考虑和评估。我们将在第12章中进一步探讨这一点。

童年期积极经历

如果童年期不良经历研究帮助人们更好地理解了有些因素会给儿童带来终身无法磨灭的伤害，那么“童年期积极经历”（Benevolent Childhood Experiences）问卷则帮助我们将关注重点转移到为儿童提供有利于他们茁壮成长的最佳环境上。童年期积极经历问卷涉及的问题如下：

你是否：

1. 至少有一个让你感到安全的照顾者
2. 至少有一个好朋友
3. 有能给你安慰的信念
4. 享受学校生活
5. 至少有一个关心你的老师
6. 有好的邻居
7. 有一个能给你提供支持或建议的成年人（不是父母/照顾者或第一题中的那个人）
8. 有享受美好时光的机会
9. 喜欢你自己或自我感觉不错
10. 有规律的家庭作息，比如有规律的吃饭和就寝时间

本书付梓时，该领域的研究人员呼吁学界进行研究，以了解这一经历对儿童和青少年可能产生的影响。新冠肺炎疫情导致一

些家庭更多地依赖社会支持等应对方式，而弱势群体家庭面临的不平等现象则进一步加剧。随着学校关闭，与老师和学校之间的那种至关重要的关系（将学校视为“安全场所”的感觉）很难建立，一些孩子的庇护所本就为数不多，此时却已然失去其中之一。罗宾诺夫（Roubinov）等人认为，新冠肺炎疫情提供了一个深入研究逆境的机会，可以促进有关儿童发展科学的研究，亦可寻求缩小弱势群体和优势群体之间日益扩大的差距的方法。

结论

最后，我想补充一点，我和许多成年人交谈过，他们觉得了解童年期不良经历有助于他们更好地了解自己。通过加强对自己的关注，他们最终理解了为什么自己的表现可能不够好，从而获得了真正的自由。了解童年期不良经历还能促进相关服务和规定的发展，使相关机构在工作方法上更加关注关系、安全。然而，在谈论逆境时，不去探讨我们可以做什么来削弱这种逆境的影响，那就太绝望了。在与儿童和青少年相关的工作中，如果我们只谈逆境，不谈解决方法，那就是在告诉他们未来毫无希望。

5

与蕾切尔·汤姆林森的对话

教学、行为和关系

在这次对话中，我将探索在一所小学采用“行为关系分析法”的可能，以及将其融入学校文化之后带来的紧张态势、挑战与胜利。蕾切尔·汤姆林森是兰开夏郡巴罗福特小学的校长，她担任小学校长已有12年。

丽莎　感谢你参加这次访谈，蕾切尔。是什么让你成为一名校长呢？

蕾切尔　有许多事情激励我去教书，尤其是我来自一个教师家庭。我的三个阿姨、叔叔和我母亲都是老师，而且他们之中有三位退休时都是学校的主要负责人。起初我不打算当老师，不过后来，大学假期时我做了一段时间校秘书，这段经历让我确定自己真的很想去教书。一开始我就知道，我想进入领导层，因为我明白自己想改变的不仅仅是我在教室里能改变的事情。现在我已经当了12年的校长了。开始从教时我还很年轻，现在感觉自己真的老了。我25岁时设想自己管理的学校与我现在实际管理的学校大不相同。我的掌舵之旅也是非常有趣。

丽莎　为什么这样说？这有什么不同之处？你之前的愿景是什么？

蕾切尔 我觉得25岁的我很天真，没有完整的世界观。在遇到更多孩子之后，我对儿童发展和这个世界有了更多的了解。作为一名年轻教师的时候，我只通过眼睛看世界，后来虽然我和所有人一样有了一些自己的经历，但是这与可能发生在孩子们身上的事情相比，都微不足道。当我接触到更多的孩子，遇到更多的行为问题，审视自己并获得了更多的知识时，对于孩子们的需求我变得不那么天真了。

丽莎 那么，刚开始的时候，你认为孩子们需要什么？

蕾切尔 我认为他们需要非常好的、系统的、很棒的教学。他们仍然需要这些，但他们也需要很多其他东西。

丽莎 是的，我猜这让你想到了关系分析实践，因为不久前你和媒体就一种完全不同的方法有过一些摩擦。这些方法我们现在谈论得很多了，但在刚出现时，我们未必会想到在之后的一段时间内，围绕行为关系分析法会有如此广泛的讨论。

蕾切尔 确实，我们和媒体有过几次摩擦。2014年，我们发出了一封信，信中附带学生的学业能力倾向测验（SAT）[1]成绩，还写道，这不是全部，你的SAT成绩不代表你的全部，你的价值远不止如此。这在全球范围内都得到了积极的回应。那是一次非常美好的经历。

但12个月后，一些媒体发表了他们自认为的对我们“关系政策”的准确表述。但这显然是非常扭曲的，我们当时受到了沉重的打击，这非常令人不快，说实话真的太难了。媒体发表了很多文章，掀起了一场关于我们如何让孩子逍遥法外的大风暴，说我们没有任何纪律，没有这个，也

[1] 学业能力倾向测验（SAT）是一项标准化的、以笔试形式进行的高中毕业生学术能力水平考试，是美国大学入学考试，也被称为“美国高考”。——译注

没有那个。媒体说我们努力做的只是让自己的观点合理化，然后说："你知道吗？这就是优秀的父母所做的。"但从全国的情况来看，人们对我们真正的初衷知之甚少。我希望，如果现在再发生同样的事情，会有更多学校和老师说："我们就是这么做的，这是我们所做的。"但当时我认为我们是一个异类；在某些方面，我们现在仍然是，但我认为当时我们在很大程度上是一个异类，即使是学校也很难理解我们的做法，更不用说其他人了。

当然。这也很有趣，因为我们不局限于符合人们对学校的期望。我们没有遵循"上学、写作业、工作，如果不循规蹈矩就会受到惩罚"的常规定式。这是一个非常简单的信息，不是吗？从某种意义上说，这就是很多人亲身经历的模式。我们只是温和地挑战了这一模式，可仅仅是一个非常温和的挑战，人们就理解不了，甚至变得恐惧。

我认为还有一个因素是，因为我们温和地挑战了一些真正错误的事情——比如惩罚受到创伤的孩子、惩罚那些情绪上面临巨大挑战的孩子，或者惩罚那些不适应某些规则、框架的孩子（是我们试图让孩子适应既定的规则、框架），所有这些事情都是非常错误的。我认为人们内心深处都知道这是错的。因为如果你试图对成年人这样做，当我们真的行动时，就会引起强烈抗议。但因为这是孩子们的事，因为它长期以来一直被人接受，就没人质疑它，我认为当有人质疑它时，你的心中也会有共鸣，为什么以前没有人质疑它呢？你可以站出来为自己辩护，讲讲为什么你以前从未质疑过这一点。"因为这就是这样，那就是这样，所以一切都很好，否则我就会质疑了。"所以我认为可能有很多这样的事情发生，这里没有指责谁的意思，但人们试图在某种意义上为自己的不作为辩护，因为这对他们来说太具有挑战性了，无从思考。

丽莎 我们已经讨论过一些与社区、媒体和家长之间的紧张态势。能否谈谈和你有关的，比如说，你与教育标准局（OFSTED）的紧张态势（如果有的话），让读者思考思考？

蕾切尔 我们和OFSTED打了很久交道。我作为校长已经领导了五次OFSTED检查。其中四次评级都是良好，有一次是不合格，这对我冲击很大。

这次不合格的评级发生在所有负面新闻出现之后——真的，真的很快，就在几天之内。

检查报告的封面上写着，评级不合格是因为校长在关注孩子的社交和情感健康上花费了太多的时间和精力。

老实说，我认为这是一场胜利，如果是这点让我们不合格，我完全同意。不到11个月，我们就重新拿到了良好的评级。我认为，从这次经历中，我们得到了一定的教训——关于**社交、情感、学习**之间的平衡，也关于我们如何更好地谈论社交、情感和学习之间的平衡。如果我们恰好实现了这种平衡，可以把这种平衡传递给那些可能在其他地方没有过这种经历的人，那么实际上，我们也能让人们看到我们所做的事情的力量。

丽莎 你是否认为有什么文化因素在背后支持大人对孩子施加惩罚，即使他们可能还不具备完成这项任务的能力？

蕾切尔 是的，我确实这么认为。就考核措施和诸如此类的措施而言，父母害怕他们的孩子可能达不到这些标准，学校也害怕他们的学生可能不能满足这些标准。于是，它几乎成了一个人们用来解释惩罚措施的原因。说到某些父母和他们的生活，有时他们会被自己所处的环境吓到，很多时候他们都处于一个挣扎的环境中，他们真的很有压力。他们每天都在担心能不能付得起账单或是房租，餐桌上有没有饱腹的食物，是不是有能力反对这个体系，但有时他们又需要这个体系来支撑自己，这一点更令人感到恐惧。

我想，有时有太多事情使得他们无法真正理解“你要上学，你要拿到考试成绩，因为这是你唯一的出路”这一说法的影响，任何听起来像是挑战的事情都会让他们更加害怕。

丽莎 这样说是很合理的，实际上，父母认为他们无法打破贫穷的循环更可怕。人们被告知的解决贫困的办法在于教育，如果教育不能为孩子们提供解决问题的途径，那么还有什么可以呢？

蕾切尔 正是如此，我认为他们非常惧怕权威，而许多父母自己也有过这种糟糕的经历，将这糟糕的经历归咎于他们缺乏“成功”，并担心他们的孩子重蹈覆辙。社区的一些人非常热衷于告诉他们的孩子，正确的方法是按照权威的说法行事。当然，还有一些人说，不要按照权威的说法行事，这两者之间确实存在紧张关系。

丽莎 因此，我们也要讨论社会不平等和社会不公平现象，它们实际上已经被内化为一种非常个体化的观点，你也多次谈到过这一方面。父母自责无法进入这个体系，因为否则他们就会摆脱贫穷，摆脱糟糕的住房等问题。所以，我的意思是，如果我们要讨论任何与创伤知情相关的或可能触发创伤反应的事情，那么我们就一定要考虑到社会不平等和社会不公正。我想知道，在社会不平等的大背景下，你是如何创建这种教育，从而阻止孩子们内化这种经历的？你的工作计划是什么？

蕾切尔 我认为我们真正做得很好的是让孩子们在现在的境遇中重

视自己，同时帮助他们追求更多。但追求更多并不会对他们现在的境遇产生负面影响。想要更多是正确的，但我们要在理解自己目前境遇的前提下这么做。让我们重视自己目前的位置，并将其作为一个平台，到达想去的地方，因为当下的境遇有其价值所在。

因此，我们所做的是让孩子们有时间和空间知道他们是谁，他们在哪里，他们想做什么，以及他们如何做到这一点，并让他们获得足够的自尊和自信。他们走哪条路到达哪里无关紧要，因为个人的成长过程才是最珍贵的。回到我一开始所说的，真正好的系统教学在这方面非常重要。我们需要教孩子们有益处的东西。

我们需要教孩子们如何阅读、写作、拼写，如何学好数学。这是我们存在的重要原因，而且将永远如此。嘿，我是一名老师，在我心中，我永远是一名六年级的老师。我想让孩子们知道真正好的东西和真正有形的东西。

但我认为，理解这个过程是因人而异的。我们开始走路、学会说话的时间也不一样，与之类似，我们也会在不同的时候学习怎么做长除法，而我们中有些人根本从来没学过，因为有时这根本不必学。我们中有些人不需要知道怎么做长除法就能成功，这也没关系。

我认为，归根结底，最重要的是这种自信心和认为自己是社区一分子的感觉，我们都需要认可彼此是社区的一员——你在社区中的地位和我一样宝贵。所以，作为一个四岁孩子，你在学校的地位和我作为领导学校的校长的地位一样宝贵，因为没有你我就无法完成我的工作，没有我你也无法在这个学校学习。所以，我们两人之间的协同作用，以及在那个特定的时间和地点上的价值是非常重要的。

丽莎 说到你的“关系政策”，那是什么？我是说，我看过一些政策，只是你应该知道，大家通常叫它“行为政策”，虽说有些学校已经改了名称，可能不再使用“行为政策”或“关系政策”这两个词。那么，你的学校为孩子们创造了怎样的能取得良好效果的政策呢？

蕾切尔 嗯，我们的校训是“学会爱，爱学习”。“学会爱”放在第一位，这并不是偶然的，这和爱自己也爱彼此有关，本质上这就是我们的关系政策。从根本上讲，就是关于尊重，尊重自己也要尊重他人。实际上，行为管理政策相当于一种准则，学校必须有一系列这样的准则——我们在准则后面打了个括号，写上（行为管理政策），只是为了表明我们的关系政策取代了之前的准则。

与其去考虑按照行为主义者的观点，认为一种行为应该得到奖励或受到制裁，还不如更深入地研究行为对他人的影响。从根本上讲，与周围的人建立良好的关系并理解我们所有的行为都会产生连锁反应有助于建立一个伟大的社会。

有时，这些影响真的是负面的，当它们出现时，我们必须为此承担责任，并努力纠正。大多数情况下，当然对于孩子们来说，有一些相当简单的方法可以纠正这些错误。如果我做了某件事，并以这种方式影响到某人，那么我就能非常清楚地知道我的行为是如何影响另一个人的，它深深地影响着我，因为我亲耳从当事人那里听到了他们的感受。所以可以说，这意味着我更可能在类似的情况下理解这种影响，且不希望再次这么做了，因为我不喜欢它给我带来的消极感受。

这是一种行为管理方式，但是方向相反——我们经常说我管不了别人，我唯一能管控的就是我自己的行为。有时我做不好，所以我需要支持；我们会支持你管理自己的行为，但我无法管理你所做的事情。是的，我可以对此有我自己的看法。我可以支持你采取不同的做法。但是，归根结底，你要对自己的行为负责。很简单，我记着我上大学的时候，我的父母很棒，给了我很大的自由，而我也尽职尽责地运用了这些自由。但我有一个朋友，他父母什么都不让他做，离家上大学后，他变得非常疯狂，无法管理突然拥有的自由。

我认为这就是我们要对孩子们所做的。我们确实是出于善意，限制了孩子们所做的一切。在学校里，我们限制了他们所能做的一切，然后突然期望他们在所有支持机制被剥夺的情况下表现得像负责任的成年人，有时候情况会崩溃，是因为他们没有掌握管控自己行为的技能，我们的“关系政策”就是让孩子们掌握管理自己行为的技能，无论他们处于什么样的环境中。实际上，这与周围发生的事情几乎无关。

丽莎 听到你这样说，我觉得我听到的是真正的社会责任，对你生活的社区的社会责任，还有对你想参与创建的社区的责任，换句话说，这些孩子不仅会融入这个社区，还会融入他们之后可能会去的社区，比如说大学，他们还会在这些环境中产生一系列影响。

其中有某种令人难以置信的责任。不是对孩子们及其行为方式采取更加严厉的惩罚措施，那样做是尽不到社会责任的，因为如果你的方法就只是一次次惩罚的话，很可能会受到排斥，并进一步加剧问题。这会对社会产生巨大的影响。因此，听到你能从更高的层次看待此事，感受到你话中的热情，我非常感动，我想这正是你25岁时所没有的。

蕾切尔 当然，这就是成熟的感觉，不是吗？此外，为人父母对我的影响也很大。我并不是说生孩子是理解这一切的必要条件，但这让我变得更好，也许这是我变得更成熟所需要的，也是我拥有更广泛世界观所需要的。你知道，我的孩子可以和世界上任何一个人结婚，但我希望的是，无论这个人是谁，他或她的内心要明确知道什么是正确的行事方法，而不是以法律为底线。人们知道对待彼此时要有基本的尊重，这不是法律规定的，而是由你自己规定的。如果我们能在我们非常小的群体中创造出一群能够由内而外规范自己行为的人，他们真正意识到自己对更广泛社会的影响，成年后，可以坐在桌子旁说“是的，我，做错了”或者“是的，我们知道这是我们的责任。我们该如何改变呢？我们能做些什么来改变它？”那么世界不就会变得更美好吗？你也知道，如果世界各国的领导人能够更加谦逊地做到这一点，世界不就会变得更加美好了吗？

丽莎 的确，我都想加入你们了。我认为，从我的角度来看，你所描述的最重要的影响是，我将在这个世界上成为什么样的人？但是从校长的角度来看，你也会对他们的学业带来一些影响，这是非常肯定的，因为我们必须确保我们的孩子有教育复原力[1]，我们知道，只要有可能，教育就能改变社会流动性。因此，思考教育问题是很重要的。采用这种方法对你们学校的教育成果有什么影响？这12年的旅程是什么样子的？

蕾切尔 我们略低于英国平均水平。我们的论点是，我们之所以略

[1] 教育复原力（educational resilience）指个体，特别是学生，在教育环境中面对挑战和逆境时适应、成功和茁壮成长的能力。——译注

低于英国平均水平，是因为我们有更多的孩子经历过逆境。所以他们需要更长的时间。我认为，从长远来看，我们知道，引用你说过的话，我们的孩子是更有韧性的学习者，他们更有决心，他们坚持的时间更长，他们克服障碍，不会轻易放弃。因此，我们知道，虽然在某些意义上这是一场缓慢的过程，但我们是在为长期目标而奋斗，而不是追求短期利益。我认为这才是真正的强大，我们的孩子知道，现在没有实现，并不意味着永远不会实现。这最终还是为了让孩子们习得更多学业方面的技能。

我们真的很严谨，而且在这方面越做越好。但我也认为，我们所做的是，将学术知识与对周围世界的责任感结合起来。因此，我们不仅在学习事实，也不仅仅在学习内容，还在学习如何改变我们的世界，我们所有的孩子都知道，他们可以成为变革者，经常能引发一些变革，有当地的，也有全球范围内的。

我们让一些孩子参与了一些非常激动人心的全球项目。我们谈论真实的世界，谈论怎么利用历史来学东西，谈论可持续发展目标，谈论儿童的权利，我们也谈论课程中的所有知识，这是非常重要的。

因此，我们把国家课程中的所有知识与世界更广泛的内容结合在一起。我所说的是"好好做人"——你们过去说"做一个好人"——而我说的是"**好好过好你的人生**"。你需要能够建立良好的关系，尊重每个人，也需要了解你所处的世界，明白如何才能改变它。要改变你的世界，你必须能够清晰地表达，你必须能把事情写下来，你必须有能力做一些事情去到达你需要到达的地方，给自己改变世界的力量。

感悟

这次对话让我真正体会到，学校、教师团队和校长们与社区携手，带着每一个人踏上征程，在这个过程中付出了许多努力。深深触动我的是，这需要真正的勇气和能力，才能在面对如此多的争论、评论、批评时保持坚强。最重要的还是要保持平衡——情绪健康和学术学习之间的平衡。也许在找到适合学校所在社区的中心之前，要想找到这种平衡，就必须先向一个方向倾斜。

讨论要点

学校创建社区还是社区创建学校？

学校的作用是思考社区希望哪些成年人生活在其中吗？

设立目标时，考虑“你当前的位置”，而不是去眺望未来的期望，会产生哪些影响？

6

与老虎培训公司的对话

学徒制、幼教中心和领导力

我很喜欢访谈，有一个原因就是，当我们保持好奇、开放和勇敢的时候，会发生意想不到的迂回曲折。我此前从未预料到我们的走向最终会变成一场深度对话，我们谈到了领导力，还谈到如何让人们更深入地认识自己以更好地帮助他们。

在本章中，与我对话的是格拉斯哥老虎有限公司的保利娜·斯科特（摇篮曲巷幼教中心的创始人兼执行董事）和劳拉·德文尼（企业董事）。

丽莎　那么，先来讲讲，“老虎”是怎样的一家公司，这个名字从何而来？

保利娜　老虎是2001年建立的，那年我们刚19岁，其实这是个缩写，原名应该是“苏格兰达成有效成果的培训方案公司”（Training Initiatives Generating Effective Results Scotland）[1]，但没人会真的这么说，大家都直接叫它“老虎”，因为这么叫很简单，而且实际上，一叫这个名字，大家就会问一问原

[1] 公司名首字母为TIGERS，汉语释义为“老虎”。——译注

因。所以说实话，对我们来说叫这个名字是个很聪明的策略。最开始创立老虎的时候，我们的定位是培训提供商和就业经纪人。三年前，我们决定重新审视整个业务，包括我们的精神和文化，于是改变了这个定位。现在当大家问我“老虎公司是做什么的”时，我不会直接告诉他们答案，而是会先说一说它存在的原因。老虎公司之所以存在，是为了支持人们开发他们的无限潜力。

为实现这一点，我们选择的方式是以关系为导向的实践，同时，我们提供学徒项目，主要面向的是16~24岁的年轻人，但25岁以上的成年人也是可以的。我们提供学徒预备项目和课程，以支持建筑、早期教育、商业和数字等行业的劳动力发展。我们还创办了摇篮曲巷幼教中心，共同创立了“童年期不良经历意识国度”机构。我们创建了两个导师计划——iCAN和iWiL。在新冠肺炎疫情期间，我们与一个名为敏捷业务流程（Agile Business Process）的组织建立了新的合作伙伴关系，并创建了第一个自动化学院，旨在为年轻人提供进入自动化行业的路径。

但正是通过找寻存在的“原因”，我们才有了成长型的思维，也才扩大了我们的交付模式，进入了新的领域。

丽莎 有一个我非常感兴趣，想与你探讨的话题是，你的工作内容既涉及幼教，也涉及青少年、学徒制。能再多谈谈这方面的内容吗？

保利娜 摇篮曲巷幼教中心是我们2013年建立的，原因就是我们在这个领域积累了一点经验。我们曾经提供过有关早期教育的学徒项目，一些评估员回来告诉我们：“这个行业良莠不齐，保利娜，不如我们开个自己的幼教中心吧？”机会只留给有准备的人，就在这个时候，有家本地的幼教中心要找人接手，而且刚好我女儿曾上过这家幼教中心，我们也就得到了这个机会，接手了它的场地，而后创建了一个新的幼教中心。

建立这家幼儿园的时候，我对依恋理论一无所知，也不知道什么儿童发展学或者脑部发育科学。我所知的都来源于我母亲，那就是孩子的价值、孩子的重要性、同情心、性格以及爱的给予。所以实际上，摇篮曲巷充满了我母亲的爱和她对孩子们的热情。因此我心里想着“嗯，我想开一间幼儿园，给予爱与关怀”，因为作为一个母亲，丽莎，我知道那种感受。我有两个孩子，亚伦当时刚刚开始上学，克劳迪娅当时在小学四年级。我记得自己曾经是不得不与孩子分离的母亲，是不得不主动离开孩子的母亲。我和两个孩子有着不同的经历，克劳迪娅上学时还好，亚伦上学时则不太好。我记得有一次离开时，我在车里坐着，伤心地哭泣，心疼得要命，因为知道我还要去开会，但我的孩子不开心，他很伤心。而我是导致这一切的原因之一。

所以我想要为父母们提供一种他们感受到自己的孩子在情感上能得到安全和爱的地方。我记得有人对我说：“你不能用‘爱’这个词。”我说：“为什么不能用‘爱’这个词？我们谈论的是孩子。”“这一点都不专业，保利娜，你不能谈论爱。”我回答道：“但这是我想要我的孩子能听到的话。”我意识到孩子们不知道幼儿园是大人花钱照顾他们的地方。他们会以为自己是来找亲戚的，会认为我们是他们的阿姨，是他们大家庭的一员，我希望我们能给他们一个家庭的爱。

丽莎 我认为大家经常忘记这件事。去幼儿园的孩子也不会觉得和自己在一起的人实际上是拿着薪水、考了资格证的工作人员。

保利娜 是的。大概 15 个月后，我们了解到苏珊娜·齐迪克（Suzanne Zeedyk）博士的研究，开始学习依恋理论与科学。我意识到其实我们一直都本能地按这一原则工作，而她将所有科学理论背后的知识都整合起来，加以解释，因此这一方法也让人觉得十分合理。从那时起，我们开始让依恋理论来主导幼儿园的日常工作。

我们开始思考："那么，事情是怎么发展的？孩子第一次了解到我们时，他们的身体和大脑都发生了怎样的变化？"因此，我们开始制定与这类科学知识相关的方法与计划。

丽莎，在我最开始做的事情中，有一件事是改变员工的轮班制。所有员工每周工作四个整天。这减少了参与孩子与父母和家人日常分离再重聚这个过程中的成年人数量，让其更具连续性。这还确保了我们在最重要的时段有足够的员工配额。我们还重新制定了过渡方案，在孩子们加入我们之前，我们会花不定额的时间与他们相处、游戏并互动，有些活动还会在孩子的家中进行。此外，我们还将行为管理方案改为了"透过行为看本质"的方案，鼓励我们的团队将所有行为都视为一种沟通方式，保持一颗好奇心看待孩子们行为背后的情感需求。

同时，在老虎公司，我们进行了一项非常重要的研究，主要内容是青少年不再把握利用学徒制学习与进步的原因。我说的这类孩子可能是那些三个月内进展顺利，在不断进步，但却突然因为某些事情中断的人。也许他们和雇主一块儿外出，这时有人说了让他们不快的话，有人让他们难堪，或者家中发生了点事儿，让他们的整个世界崩溃失控。我们意识到这些行为是一种表达情感需求的沟通方式。

又或者他们没有很好地处理对抗或冲突。我们曾有青少年指使别人去某个地方，私自离开工作地点、离开雇主。而后我开始和老虎的团队讨论，承认我们需要了解青少年的身体与大脑发育情况。在摇篮曲巷，我们做了上述所有工作，努力去了解儿童早期的大脑发育情况，但是青少年呢？我记得当时我想，既然我知道了跟依恋有关的科学知识，我们就有责任真正去了解这对我们在老虎公司努力帮助的青少年们意味着什么。

丽莎 我都不知道你的幼儿园是在培训公司之后成立的。我还以为幼儿园先成立，培训是之后开始的，所以这真的很有趣。不过真正令人印象深刻的是，你意识到我们每个人都有那么一段和依恋有关的故事，意识到依恋在我们的一生中那么重要，意识到这会对你工作中遇到的那些青少年产生影响，然后自此开始这段旅程。一旦你意识到，他们身上发生的事情与他们自身的故事、经历以及过去的依恋关系紧密相连，一切就都改变了。

保利娜 确实如此。我认为，如果要真正参与到青少年或儿童的生活中，就有责任了解这一点。因为当你开始思考的时候，就会不由自主地去想，他们如何建立关系、如何学习？我在幼儿园时了解到，如果孩子们感受不到情感上的安全与稳定，他们就不会学习。这同样适用于青少年，如果他们感受不到情感上的安全与稳定，没有自己的“安全基地”，也无法投入学习。因此，丽莎，我们真的很关心行业技术方面的技能。我们这儿的青少年会安门、刷墙、挖洞，但他们缺乏与之匹配的社交和情感技能。这些技能在生活中发展人际关系、面对逆境时是必需的。

我们让老虎公司的团队初次接触到依恋理论和早期大脑发育知识的时候，那感觉非常可怕。我们让在建筑行业工作了30年的一群人观看8周大婴儿的视频，他们说："这跟我们有什么关系？压根儿与我们无关，我们工作要面对的是成年人。"我答："是的，但你们需要从这个旅程的起点开始理解它。事实上，这段旅程的起点就在子宫，你们要去真正理解他们为什么会有那样的表现。"

丽莎 还是想说，非常有趣的是，你和这些来自建筑行业的人在一起时，再次面临着这种情况，即大家普遍不理解为什么我们所经历的事情对我们来说很重要。我猜，你有没有感受到他们对依恋理论的理解呢？他们走之后是不是还在说"实际上我依旧认为这与我无关"，还是说，他们从中受益并完全接受了这个观念？

保利娜 不，事情不是这样的。这是段非常复杂的旅程，我觉得劳拉在这点上可以分享一下，对我们整个团队来说，这都是段很复杂的经历，丽莎。有一些人对我们提供的信息产生了兴趣，很快被吸引，深感好奇，且持开放的态度。在生命的那个阶段，他们刚好做好了准备，能接受这些信息。但团队里还有其他成员依旧困惑。因为他们此时的感受与大多数了解依恋理论的人一样，他们开始审视自己。对于青少年，如果他们生活中的成年人不先行动起来，就无法要求他们理解他们自身的经历和行为。你需要从孩子们生活中的成人开始。如果我要求人们也开始理解人类行为，就必须支持我们的团队，帮助我们的团队，让他们认识到我们现在要开始谈论一些可能对他们个人来说很重要的事情。身为我们团队的一员，劳拉或许可以跟你分享她的感受。

丽莎　因为这是一个非常深刻的挑战，对吗劳拉？当我们关注创伤、依恋、早期童年经历，理解逆境的影响时，我们必须要先审视自己，我认为这是教育过程中最大的困难之一。

劳拉　是的，坦诚地说，我也花了一段时间在这上头。我有幸比团队中的大多数人更早地了解到这一点，因为我是领导团队的一员，但即使对我来说也花费了很长时间。就像你所说的那样，当你开始审视自己时，事情变得不同。我一直在剖析我的生活的每一个方面，认识到自己向世界展示的方式。所以这是具有挑战性的，但作为领导者，能看到我们的团队在这个过程中的成长，让人特别满足，而我也是团队成员之一。如果十年前我就知道了现在了解的东西……哎……我并不否认，说到底，你的经历就是你的经历，也就是你现在所处的位置，但是天呐，如果这样（十年前我就了解这些）的话，我可能会走得更远。因为我理解有些事情阻碍了我作为一个人、一个女人继续前进。但是从团队的角度来看，这绝对是令人着迷的事情。

在我们为期12个月的项目中，我们对依恋是什么以及它在今后的生活中会如何影响我们有了更深的理解。它让我们身为一个团队得以成长，支撑着我们与彼此之间的关系纽带。如今，有冲突出现时，我们可以将其命名为破裂—修复周期，然后开始更详细地讨论这个问题。

我们必须从身为成年人的自身开始，我们需要在情感上约束自身，需要了解我们身为个体究竟是谁。我们需要了解我们怎么样能够让身体冷静下来，而后才能去训练我们的青少年。若我们想要谈论这一切，必须要分享自己的故事。

丽莎　这让我想到斯科特·派克（Scott Peck）博士的《少有人走的路》（*The Road Less Travelled*），我1991年读到这本书，之后又读了很多遍，这本书值得反复重读。他在书中多次强调，我们只有在陷入绝境的时候才会处理自己的问题。但实际上，我们不断要求人们在并未陷入绝境时就处理自己的问题。因为你做的是与儿童和青少年相关的工作，所以我们要求的是，即使你没有陷入绝境，也需要抓住这个机会去内省并审视自己。对于那些坚决拒绝，同时远离这项工作的人，我真的很有共鸣，也很同情他们。挑战在于，我目前的立场是，如果你要从事与儿童和青少年相关的工作，就负有绝对的义务与责任去做这项工作；我十分坚信这点。

保利娜　这非常关乎我们的领导能力，因为作为领导者，我们需要理解自己在其中的责任。如果我们要带领人们走上一段他们可能并不完全同意的旅程，就必须让他们真正理解我们将要承担的是什么。我们需要在困难时支持他们，帮助他们设立界限。我们团队中肯定会有一些人明确地说："说实话，保利娜，我不想说话，不想分享任何故事，不要要求我这么做。我可以做倾听者，可以参与，但我不想分享。我很乐意参与其中，但不想分享任何故事。"我们团队中有些人在其他人分享他们的故事时会变得很情绪化，但自己却觉得很难分享什么故事。不过我知道，对于我们的团队来说，有情绪，能够去处理这些情绪，能负责管理自己的情绪，就没关系，我们会支持他们。

我们公司中有很多男性（男女比例各一半），很多男性对于观看他人的痛苦感到不适，并倾向于压抑自己的痛苦。我们领导团队每周会进行定期的情绪沟通，这类沟通为团队创造了一个安全空间，让他们能安全地讨论自己的感受，表达情绪，应用情绪调节的策略。沟通中大家常提出这样的观点："自从我19岁时母亲去世后，我就再也没有哭过了，现在我五十多岁了。""别要求我这么做，因为它太可怕了。"这个帮助年轻人理解他们的生活和自己行为的旅程，也引导着我们的团队进行同样的过程，公司的每个人都尊重业务的目标，但我也试图在其中取得平衡，问自己："好吧，如果你在老虎公司或摇篮曲巷工作，你能选择退出这个过程吗，还是说你必须参与其中？"

实际上，你并不能真正选择放弃参与，但我得理解，每个人在这个旅程中处于不同的阶段。但你必须开始这个旅程，你必须加入其中。我们真正理解的是伴随而来的监督工作。如何帮助某个人？如何建立一个安全的基础？如何创造一个安全的环境？我们如何确保人们感受到支持？对此，作为领导者的我们责无旁贷，我们支持的是那些支持儿童和青少年的成年人。

这些培训不可避免会变得非常情绪化。我们在开始之前会提醒所有参与者，如果我们的培训在Zoom上进行，你可以关闭摄像头，可以随意一些，有时候你还得告诉他们这一点，因为他们甚至不知道他们可以这么做。我们必须听取团队的意见，在每次全员培训后会开个小组讨论会。我们留出时间供大家聚在一起，这样他们就不会独自面对强烈的情绪。我意识到我们在领导层面上承担着真正的责任。如果我们要谈论并理解"自我"，就需要为团队提供情感支持。其中一个重要的举措就是，一年半到两年前，我们推出了一个完整的健康计划。怎么帮团队找到放松自己身体的方法呢？有很多种不同的方式。

每个人情况不同。有人喜欢正念，有人觉得正念会触发一些不好的情绪。有人喜欢散步，有人喜欢人际交流，团队里有些人还喜欢头房（Headroom），类似于神经语言程序（Neuro-linguistic programming, NLP）。所以我们给团队提供了一系列不同的健康项目和机会，让他们自己找到适合自己的东西。这不是强制性的，而是一个开放式的计划，如果有人找到任何适合他们的方法，就会分享给团队。因此，我们正在努力去解答“如何帮助团队真正理解自己？”这个问题。但首先，我们要了解他们如何调节自己，了解他们怎么去设立自己的情感边界，以顺利表达“这对现在的我来说太满了”。

丽莎 你把带领人们踏上这个旅程的过程勾勒得非常清楚。这也是我经常被问到的问题。我要怎么让人加入这个旅程呢？我会答，“你不能强迫别人这么做”。不过我认为，你之前提到的平衡实际上可以让这个旅程变得更安全，可以按照你的节奏进行，不过实际上，你如果要加入这个团队，我们就必须确定一个出发点，因为商业模式就是如此。这也是给孩子们还有青少年们树立的一个典范。我觉得这是一条非常清晰和连贯的信息，在这本书中占据了重要的地位，因为这是个关键问题。

保利娜 真的是这样，丽莎。青少年经常向我们抱怨的一个重要问题是，他们厌倦了别人对他们的摆布。他们希望合作，他们是年轻的“成人”，我们应当如此对待他们。不过首先，他们需要知道我们也是人类。仅仅因为某人比你年长二三十岁，或者拥有某个头衔，你就要对其表示尊重，这种想法已经过时了。对我来说，我们要理解彼此的共同之处，就像劳拉说的那样，我们也是人类。这是我们面临的一些困境，也是我们的一部分担忧所在，也是我们每个人的身份。当然，并不是所有人都有权利听到你的故事，我们也不希望任何人过度分享或变得过度脆弱。然而，他们需要看到我们大家都是一样的人。

当你能打破我们与他们的障碍、老师和学生的障碍，认识到我们所有人都同样是人类时，我们大家就都能从中获益。只有当我们能够表达出情感、让他人看到自己的脆弱时，我们才能真正建立起深入的关系。对很多人来说，包括我在内，脆弱都是痛苦的。

以前我不愿让任何人知道我是脆弱的，我也有缺点。我喜欢展示给全世界看，我能把所有事处理得干净漂亮。所以说，我成为领导层的这段历程是非常漫长的，如今我早就不再是从前那样的领导了。过去我一直遵循传统的管理方式，把自己的个人问题留在门外，不让任何人看到自己的缺点。

丽莎 我觉得我整个职业生涯的发展都离不开坦诚自己的不足。我与过去的自己完全不一样了，保利娜！

这个问题似乎是老生常谈了，而且并不好回答。因为有各种各样的影响、结果和后果，我们可能永远不会知道，它们发生在人们一生中的各个阶段，在我们了解它们之前就存在，也可能永远不会被我们意识到。

但我真的很好奇，从你们的视角来看，你们自2013年以来一直在以目前这种方式工作，了解到上述限制后，这对你们的工作有什么影响？

劳拉 说真的，从我们的角度来看，我们确实会注重人性化的视角。所以，我们的团队更愿意坦诚地说出他们心中的想法或者他们的困扰。我们可以提供一个空间，与他们一起深入探讨这些问题。通过这样的沟通和支持，他们会变得更加愿意冒险和尝试新的事物。我们之前聊到过过去几年所取得的成就，保利娜已经提到我们是“童年期不良经历意识国度”机构的合作伙伴，我们团队的所有人都从未想过可以承办并主持如此庞大的会议。我们的信念和自信心也因此不断增强。

我们团队互相称呼为家人，就相当于一个工作家庭。因为我们会互相鼓励，一个人跌倒了，我们都会陪在他身边帮他重新站起来。拥有这样的文化，无疑能让我们真正壮大起来。我们已经承办过“童年期不良经历意识国度”研讨会，如今还有了新的公司——自动化学院公司。还是一样，我们对自动化领域的了解有限，但我们非常愿意踏出这一步，进一步学习和探索。我们将人性和人文关怀的理念融入其中，这将促使我们的伙伴关系蓬勃发展。

保利娜 从商业角度来看，企业为什么会这么做呢，实际上这么做非常好，能拥有一个具备表达情感和识别情绪的能力的团队。我们的团队不仅仅关注行为，而是会讨论情绪问题。他们能相互设定边界，处理冲突，并意识到团队中可能存在的问题，知道怎么恢复好的状态。他们了解彼此的依恋风格。公司的每个领导者都知道团队中每个人的依恋风格，因为团队成员已经分辨且讨论过这些风格。

丽莎 你描述的环境和很多人所说的那种有害环境完全相反。你描述的环境是健康的，情感层面是十分“智能”的。

保利娜 我们的员工留存率非常高，缺勤率非常低。这些传统的指标和统计数据都可以证明企业的良好发展趋势，无论是增长还是降低，这取决于从人际关系的角度来看待它们所带来的影响。

不过，也有人过来谈起团队如何帮助了他们的婚姻。我们团队中有一位成员谈到他挽救破裂的婚姻并理解婚姻的过程，但最开始，他是非常痛苦的。也有人说起他们意识到自己从母亲那里得到了一种矛盾的依恋模式，又在自己的女儿身上看到了类似的模式，如今他们正在改变这点。我们团队中的一员意识到了这个问题，还在我们上次的会议上提到了。

他们的个人生活正在发生变化，事业在发生变化，他们与青少年和雇主合作伙伴的关系也在变得越来越好。因此，他们的人际关系整体上受到了巨大而积极的影响，这意味着人们更加快乐，而作为一家企业，我们实际上正在对人们的生活产生积极的影响，使他们感到更加满意和快乐。我认为这是一件值得骄傲的事情，也是我为之感到自豪的事情。

丽莎 当然，因为他们在做和年轻人有关的工作，而那些年轻人又在和幼儿园的孩子们、孩子们的家人一块儿工作，如此我们才能开始真正了解这对社区的影响。

保利娜 真的是这样，丽莎。这就是我们和摇篮曲巷这个大家庭分享这些知识的原因。我们已经举办了一系列研讨会，和家庭互动，这真的有助于社区的建立。而且用线上平台特别方便，因为晚上带着孩子出门不太简单，在线工作成了一种福音，这让更多的家庭能加入我们。还曾经有爸爸妈妈晚上八点坐在沙发上，（通过在线平台）加入我们讨论依恋问题，这太棒了。

我看了我们上次举办过一个非常美好的研讨会。在那次研讨会上，一位母亲加入，帮助了另一位母亲，因为她能和这位母亲共情。这种家庭般的关怀正是我们在摇篮曲巷努力构建的。实际上，我希望实现的目标是建立一个社区，可以看到我们的工作带来的连锁反应，听见团队、年轻人、孩子们和家庭进行改变的故事。

感悟

保利娜和劳拉的话真正打开了我们的思考，即对于带领别人走上他们可能不愿意迈出的旅程以及如何安全地做到这一点的思考。怎样能做好这一点呢？这个想法渗透到方方面面：招聘、公司政策、轮班安排、多样化的健康选择等。企业在招聘过程的开始应该明确讨论参与这个旅程的意愿，然后在人们取得进展或者迈出最开始的一步时提供支持，持续陪伴他们。同时，所有这些都在安全包容的环境中进行，而为了进行这项工作，我们必须反观自己，并对依恋、儿童发展和一些基础的脑科学知识有一定的理解。

讨论要点

是什么让你觉得工作给了你幸福？

你最喜欢哪种领导风格？

你有意或无意地把哪些“个人特质”带进了工作之中？

7

与新马斯顿小学的对话

多样性、改善行为和实现愿景

在这场对话中，我与特蕾西·史密斯（她即将辞去牛津郡新马斯顿学校校长职务）以及蕾切尔·弗拉乔尼科利斯（该校包容性负责人兼副校长）进行了交谈。这所小学服务于一个完全不同的社区。

丽莎 特蕾西，你在新马斯顿学校工作多久了？

特蕾西 三年半。

丽莎 你在这所学校当了三年半的校长，刚到这里的时候学校是什么样子呢？

特蕾西 初到学校时，我感觉局面混乱不堪。副校长在我到之前不久离职了，校长生病了，学校有很多代课老师。学生的行为很不好，我看到很多学生跑出门，跑到外面。学生在代课老师的课堂上乱跑，跳桌子，还有一些孩子的态度相当不尊重人。

当我跟他们说话时，他们会说“什么？你是谁啊？”——诸如此类的话。所以我感觉这里不是一个友好的地方。虽然一些教职工和孩子身上有闪光点，但是学校总体上很乱。

丽莎 你们服务的社区是什么样子的呢？

特蕾西 这是一个非常多元化的国际社区，离牛津市中心很近。这里的家庭来自世界各地。有很多来自不同亚洲国家、东欧国家和南美洲的孩子。英国白人儿童占少数。有大约12%的儿童享受免费校餐，约15%的儿童有特殊教育需求。这里的孩子讲49种不同的语言，把英语作为附加语言的大约占35%。

丽莎 初到学校时，你感觉它是个不友好的地方。三年半的时间其实说长不长，你还是这么想吗？

你对这所学校的愿景是什么？就是说，接任这个职位时，你期待它是什么样子的？

特蕾西 嗯，我对学校的愿景应该从文化和行为开始说起。接着就是希望提高孩子们的成绩水平，因为他们普遍都比应该达到的水平低了一两个年级。我希望学校里有一种包容性文化，置身其中每个人都可以茁壮成长，这也意味着让教职工接受这个愿景，让孩子们了解对他们的期望。

所以说，我首先要做的事就是，和副校长坐下来，研究一项新的行为政策。因为当时的学校虽然处处都有奖惩措施，但是感觉不到孩子们对它们特别热情，所以我决定把它们去掉。

我们维持了一段时间的积分制，但后来它们也不起作用。我们就不用这个方法了。我们对学生有期望，如果他们没有达到这些期望，我们会和他们对话，而不是惩罚，这与学校以前的情况大不相同。

刚到学校的时候，我就发现学校有一个房间在午餐时间有人看管，如果孩子们有任何违规行为，就会把他们送到那里，并在写字板上记下名字。孩子们被孤立地留在那儿。后来，学校采取了一种更具包容性的方法，基于对他们的期望进行管理。令人惊讶的是，这似乎改变了孩子们对他们自己、对彼此和对学习的态度。

丽莎 你觉得这令人惊讶吗？我是说，你口中孩子们走进的禁闭室、写字板上的名字和他们受到的孤立，都是充满羞辱和排挤的事情。因此，听到孩子们对周围成年人的感受和表现，我并不感到惊讶。

特蕾西 如今我们的方式方法更注重师生关系。所以说，事实上，我事后再想起之前孩子们的表现，会觉得并不非常令人惊讶。现在孩子们早上来到学校的第一件事就是和老师握手并且微笑说："你好，很高兴见到你。你好吗？"我们发现，微笑的对话起到了很大的作用。

老师们花时间逐个了解班上的孩子，让孩子们感觉到他们都很重要。这个方法非常注重师生关系，对孩子的期望很高，在这种价值观的一路加成下，这所学校也变得非常平静且专注。

丽莎 能不能分享一下，你这段"旅程"的同路者和你自己是如何看待这些变化的？

特蕾西 起初有一些阻力，但是总的来说，人们也理解了变革的必要性。所以我们的第一个大型教师培训日，就侧重于学校文化，以开放、信任、相互尊重以及我们与他人交流的方式为基础，这样成年人就能为孩子们树立对话的榜样。说话时微笑，传播善意和体贴，彼此尊重。

真正重要的是让成年人明白，如果我们这样对待彼此，那么孩子们就会效仿。我们也用这种方式与孩子们交流。（培训日的）第二天，我发现有两个员工在隔壁房间模仿我说话。之后我和他们谈了谈这个问题，其中一人自那以后离开了，但另一人至今仍是我们团队中极其重要的一员。

教职员工的反应是不一样的，但我认为重要的是我们拥有了一致性，信息的一致性和榜样的一致性。我们每周向全体员工发送一封电子邮件，邮件中可能会提到我们对他们的期望。我们不在大会上说这些，只是提醒他们要以身作则。

用三年半的时间去摈弃你之前提到的惩罚性排挤措施，这时间真的很短，我们也的确知道这些措施会对孩子们产生负面影响，尤其是对有特殊教育需求的儿童、收养或寄养家庭的孩子。你真的在很短时间内就将学校改头换面了，蕾切尔，你想谈谈对未来有什么想法吗？

蕾切尔 我希望与员工分享各种案例和研究成果，促进真正利于专业发展的合作文化。我们鼓励所有工作人员参加同样的培训，以使我们能够进行开放的对话。

当员工接触到某个研究时，如果能看到它起到很好作用的证据，他们会觉得更容易参与进来。但我也认为，高级领导团队之间有着共同的承诺和价值观，这种模仿行为也在课堂上得以体现，在那里我们会面对一些最棘手的学生，演示出这种方法的有效性。告诉大家，对这个孩子，我们不需要惩罚措施。

我认为一旦他们看到了结果，某些孩子很快就会改变，即使是某些还没完全投入其中的孩子，他们也能看到影响所在。他们看到了它所带来的改变。我认为很多仍留在我们这里的员工都渴望变革，渴望听到这些变化。他们感到兴奋、开心，我不再被迫继续一个对孩子没有效果的体制，而是有人带来了一种耳目一新的方法。

丽莎 不仅如此，我猜你所带来的实际上是一种环境，你是在说：“我在这里。这就是我们要做的。”这不仅仅关乎孩子们，对吧？你实际上是在思考如何让员工感到安全。因为如果员工没有安全感，按你所说，它就不是一个友好的地方。对任何一个学校、社区而言都是如此。

我想，有时候，这种对话往往会陷入“一切都关乎孩子”的思维中而迷失，但当真的有人进来说“我们有一个计划，这将使每个人都受益”时，它就会起到难以置信的安抚作用，为大家带来安全感。

特蕾西 事实上，这种变化我们只花了一年半的时间。我的意思是，后面的两年，我们一直是 所我们引以为豪的学校。

蕾切尔 我确实认为对员工来说这儿是个充满安全感的地方。但我们过去一直说，关系真的是师生互动的核心；这是相当常识的东西。

事情有时候会被一个又一个的倡议和学校中的各种复杂因素弄得过于复杂，但事实上，当你退后一步时，就会听见有人说：“事实上，如果孩子知道你喜欢他们，他们会对你做出更好的回应。”

人们可能就会坐下来说：“啊，是这样。”所以我认为给员工反思的时间很重要。正如我所说，要去寻找例证，阅读书籍，看到反思很快就能给核心员工带来影响。我认为人们确实应该坐下来思考，事实上，这是一件值得考虑并实施的好事情。

丽莎 那么，这些理念在实践中是什么样子呢？先聊聊学生进学校之后的相遇和问候吧。你就是从这儿开始讲的，是吧？那是一天开始的地方，也是你的理念得以实践的地方。

特蕾西 好的，在孩子们进校之前，我们中的一个人一般会站在校门口打招呼，学生和家长进门时我们会报以微笑。我们会表现得平易近人，这有助于赢得父母的信任。我们对孩子们问好，接着他们进校门，也会跟我们握手、微笑，问候几句。

丽莎 能否打断你一下，我对这个真的很感兴趣。我想再聊聊有关微笑的事儿。之前咱们已经聊过很多这方面的内容，这点当然也是显而易见的，但实际上更重要的事之一是我们如何找到安全感。

如果对斯蒂芬·波格斯（Stephen Porges）的多重迷走神经理论（polyvagal theory）和神经感知(neuroception)有所了解的话，我们就会知道它们与如何寻求安全感有关。能够找到那张脸，那个微笑，眼睛也在微笑，这些画面告诉我们，一切都会好起来的。语气等因素也很重要。然而，很多时候似乎这些事情都没有被明确表达出来。

特蕾西 孩子们会平静地走进教室，放下东西，找好座位。接下来通常会安排一些有趣的互动。他们都坐定后，互动开始，此时可能会播放一些轻快的音乐，老师会继续在门口迎接其他孩子，并与家长交谈。这就是一天的开始。

对于其他孩子来说，有一些孩子早上进校后会直接走进“特别鼓励屋”（nurture room）。特别鼓励屋是给那些生活上很艰难的孩子用的，他们可以在不同时间段进入其中，我们中一名非常优秀的员工负责管理这间屋子，其他一些员工也会待在特别鼓励屋里。

蕾切尔 特别鼓励屋里的成年人了解创伤相关的知识，也会采用丹·休斯的PACE方法——有趣（playful）、接纳（acceptance）、好奇（curiosity）、共情（empathy）。

我们还使用“情绪调节区”[1]帮助孩子们说出自己的情绪并

[1] “情绪调节区”（Zones of Regulation）是一种情绪管理的工具，旨在用不同的颜色去标记不同的情绪，让孩子练习识别情绪，进而管理自己的情绪。——译注

进行沟通。因此，许多孩子能具备情绪识别的能力。

说到特别鼓励屋里的互动，这是孩子的选择。我们决不会强迫孩子进入其中，房间里布置了家具，营造出家的感觉，有餐桌、沙发和玩具角。

如果孩子们愿意的话，他们可以在那里的餐桌上吃早餐。有些孩子确实需要通过进入这个房间重新振作起来，为一天做好准备，然后再走进教室。也有很多孩子的家长说，如果孩子放学时能在那里待上20分钟，作为离校的过渡期，那回到家后他们再见到家长时的表现会更好。

所以我认为这对孩子来说是一种进出的方式。它是一种选择，学生选择去上课，不去特别鼓励屋也是可以的。

丽莎 我很喜欢这一点，蕾切尔。我喜欢这种过渡感，因为你描述的是家庭和学校之间、学校和家庭之间的过渡。这个角度真的很好。

蕾切尔 我们针对每个孩子进行了调整，我们这儿有个孩子的背景很混乱，说只需要一个储物柜，这也是可以接受的。只用一个储物柜完全可以。如果实际上他只需要这个，知道自己的东西是安全的，就能忘记这一点，继续过好这一天，那也是可以的。

丽莎 你真的是在满足孩子的需求，我想这也是教育学的一个争论点（也许没有充分用到你这种特定的方法和理念），也即我们是否必须对所有孩子都一样。

特别是在行为方面，我经常听人提到的一件事是，如果一个孩子得到了“这个”，另一个孩子得到了“那个”，孩子们会不高兴。然而，根据我的经验，孩子们实际上对此很满意。成年人才为此烦恼。孩子们比成年人更了解我们的不同需求。你同意吗？

特蕾西 当然。据我所知，从没有孩子问过，为什么某个人在特别鼓励屋吃午饭，或者为什么他们与成年人相处的时间更长。我认为，因为这是一所包容性很强的学校，他们明白人与人之间是不同的。

蕾切尔 我确实认为，在父母们将孩子送入学校后，我们自然会很快与他们合作。几年前，有一个孩子在某天没办法成功度过从家到学校的过渡期。我们给他所在的班级和家长都写了信，说"今早你们可能看到了X、Y和Z"，并在家长同意的情况下，通过我们的行为顾问的帮助，做了一点解释。但我认为这对父母来说是一个早期的提示，表明孩子们在不同阶段都会发生困难。我们在这里提供帮助，根据孩子的情况调整措施，这就是我们的工作方式。我认为有时候不进行对话是最糟糕的事情。

丽莎 嗯，你也很好地强调了学校这个社群是会让每个人参与其中的旅程。

蕾切尔 是的。

丽莎 让家长参与进来有时会很有挑战性。让我们来聊聊会有怎样的影响吧。我不仅对整个学校受到的影响感兴趣，而且对那些厌学的孩子受到的影响也感兴趣。假如没有你们的工作，他们会受到怎样的影响？从学术成绩的角度来看，你们的帮助对孩子们有什么影响？

特蕾西 自从我们采取这种方法以来，孩子们的学业一直高于全国平均水平。由于与老师和助教的关系非常密切，孩子们愿意去做老师要求他们做的事情。这确实显著改善了他们的态度和动机。

蕾切尔 现在这是一种内动力。孩子们不是为了得到贴纸才这么做的。前几天办公室里有同事说："看，蕾切尔，是奖励贴，我们能用奖励贴吗？”不，我们不用。

这是一种内在的动机。我们不是在教孩子们顺从。我们在教他们做正确的事情。诚信是我们非常重视的价值观，孩子们知道这意味着什么，他们感觉自己是独一无二的，能展示自己的才能或在学业上取得成就。

我认为他们自己，尤其是年长的学生，已经意识到为什么对我们学校的整个社群来说以他们的方式行为是好的，因为他们热爱学校。出勤率从92%上升到96%，几年内能做到这一点，可以说成果斐然。此外，我们的学童津贴生[1]成绩与英国所有学生不相上下。所以，就我们一些处于不利处境的学生的成绩而言，这是一个巨大的转变。

丽莎 这太棒了，蕾切尔，你给我的印象是一个非常热情的人。鉴于你是副校长身边的包容性负责人，我对你的经历非常好奇。是什么让你如此热衷于在对待儿童的方式上创造出如此巨大的转变，并渴望改变不平等和成绩差距？

蕾切尔 我曾经是那些站在集会上挨批并受辱的孩子之一，我不希望任何孩子经历这种事。从专业角度来讲，作为特殊教育需求协调员（SENCO），你会觉得自己在尽力代表全班90名学生发声，并为他们争取权益。

事实上，我的愿望是让每个班级的教师都感到被赋予力量，成为那个学生的改变者，而不是只有我。因为，对于单个人而言，这个工作量很大，而且你无法改变课堂上发生的事情，孩子们几乎所有时间都是和自己的老师在一起，他们爱老师。通常他们不太清楚作为特殊教育需求协

[1] 学童津贴生（pupil premium children）是指在英国教育系统中符合一定条件的学生群体。他们可能来自经济困难或面临其他挑战的家庭背景。为了帮助这些学生获得更好的教育机会，学校提供额外的资源和支持。这旨在确保这些学生的学业成绩与其他学生持平，消除不公平因素。——译注

调员的你是谁。你负责的只是做书面工作并提出建议。

所以对我来说，我认为重要的是给教师们力量，当你成功地应对了非常棘手的学生——他们有时真的很难相处，这也就测试了你自己的价值和方法，一旦作为特殊教育需求协调员的你经历了那种成功之后，你就希望其他人也能体验到这一点。

因为我认为，一旦你经历过这种成功，它就会成为一种吸引力，让你期待能有更多类似的体验。我想你也会明白，如果有一个孩子没有成功，你就会感到非常内疚，我真的希望我们能为那个孩子做得更好。而且现在我们可以有把握地说，每一个从我们这儿出去的孩子，我们都为他尽了最大的努力。我认为这是一种道义上的责任。

丽莎 是的，我也非常喜欢这一点，你对那个孩子尽了最大的努力，这并不意味着你已经成功地修复了他的整个世界。它意味着你没有给那个孩子增添任何伤害。在不增加伤害的前提下，你尽了最大可能给予他最好的机会。

我认为这确实是一条重要的信息，特别是在人们担心出错、情况恶化，教师面临的限制以及被要求真正关注心理健康和幸福感等背景下。但实际上，当你在建立关系时，你正在创造并利用一个专注于心理健康和幸福的空间。

蕾切尔 我觉得，在设立针对某个孩子的目标时，也要聪明一些。曾经有一个孩子只在我们这里待了很短的时间。所以我们必须仔细考虑，我们能为这个孩子做些什么，目标是什么？在离开我们之前，这个孩子最需要的是什么？不要试图过于复杂。就像你说的，不要期望孩子在一年内实现不现实的学术目标。“那个孩子在离开我们之前最重要的是理解或找回什么？”我认为这是一个很好的……

丽莎 最后还有什么补充吗，特蕾西？也许你的经历可能会有所帮助。你的经历是什么样的呢，是什么让你对变革充满热情？

特蕾西 嗯，我认为其中很大一部分是早期童年经历。我年纪大，小学时还是有体罚的，我就受过，还经常受到公开侮辱。正如蕾切尔所说，我知道创伤对人的影响，所以我尽力为每个孩子带来最大的改变，努力为他们提供满足感、自我价值感和尽力做到最好的能力。

丽莎 你们刚刚谈到了个人动机和个人动力。这是我们所有人都有的，它驱使我们从事自己的职业。但我真的很想问你们对以下问题的看法：你们认为在没有那些个人经历的情况下，有可能拥有同情心和渴望不增加伤害和创伤的欲望吗？换句话说，这个职业本身的经验是否足够多样化，以真正理解创伤和逆境对儿童的影响，并且还有愿望为此采取行动？

特蕾西 这是一个非常有趣的问题。最近我们讨论过的情况是，选择从事社会工作的人往往是经历过某种创伤事件的人。但对于教师来说，情况可能并非如此。

蕾切尔 我也这么想。我们有名学生需要我们特别关注，有些工作人员起初会时不时想："我们要对这种行为采取什么惩罚？"如果要他们说"好，你做到了。你想要喝点什么或者在沙子里玩吗？"，他们会觉得不舒服。我这么做的时候，他们真的看不出我的目的是什么。而我一直试图说明，"看，我们希望这个孩子在下一个阶段能说'我感觉有点想伤害别人，我要离开并冷静一下'"。

这比孩子说"哦，又来了。因为我做了某些事情，他们要把我关禁闭"要好得多，因为这实际上是两种不同方法的不同结果。我认为，如果人们没有经历过情绪调节困难或创伤，他们往往倾向于认为应该严厉地回应，比如让孩子在家里进行练习之类的惩罚。

而如果他们经历过真正愤怒或失控的时刻，他们或许能理解支持孩子学习情绪调节的必要性。我确实认为情况是这样的。而且我认为，只有通过接触生活实事和真实的例子，他们才会有所改变。

特蕾西 那么，我们会有一些没有类似经历的老师吗……他们是否见证过一些年纪最小的学生发生变化？针对这些问题，我认为，即使他们自己没有经历过，他们也已经在实践中看到了。也许他们处于一个非常独特的位置，但他们知道这是有效的，因为他们已经看到了实际效果。

蕾切尔 他们已经掌握了这方面的信息。我认为教育过程中有这样一个阶段，在这个阶段我们只需向需要了解信息的员工提供信息。会有一个专门的保护团队来保存这个孩子的档案。事实上，老师们确实需要知道这些信息，因为如果他们知道孩子经历过的创伤，他们就能够理解使用的处理方法。

而且，他们也有很多想法：虽然我现在可能不知道这个孩子发生了什么，学校也可能不知道，但是我知道孩子们有着非常不同的经历，也见过孩子因经历了严重创伤而存在类似表现的案例。所以我会对这个孩子报以同样的同情心，采取一致的处理方式。所以我认为，即使他们自己没有亲身经历过，这也会有所帮助。

特蕾西 它正在改变语言。我的意思是，就孩子们的成就而言，我们已经改变了用词。所以，我们学校的教师现在不再称呼谁是“能力较差的学生”。他们可能会说“之前的成就较低的学生”。在行为方面也是一样，对吧？所以我们不再有员工在角落里私下说话，指着某个孩子说：“哦，你懂的。”他们明白所有的行为都是一种沟通方式。因此，现在我们每个人都知道，自己要努力支持那个孩子，努力了解行为背后的原因，而不是将问题归咎于任何人。

感悟

当我听到那些从事儿童工作的人谈论相互的尊重、开放和信任时，我便知道自己身处一个注重关注儿童发展潜力的环境之中。对这些品质的关注为儿童和从事相关工作的人形成了一种特殊的文化，让他们能够茁壮成长。

讨论要点

如果“小对话也能产生大作用”，你有哪些机会进行一场“微小的对话”？

你多久花一次时间反思你的实践？

在你选择使用对话或制裁来解决问题时，结果会有何不同？

8

与菲奥娜·霍利迪的对话

游戏疗法、艺术表达和营造安全感

在本章中，我将与菲奥娜·霍利迪对话，她是一位游戏和创意艺术治疗师。除了临床实践以外，菲奥娜还提供早期教育、个人、社交和情感发展方面的演讲和培训咨询。我觉得游戏疗法是其中被误解较多的一类专业疗法和干预方式，因此，我很希望就此进行对话，不仅希望能更深入了解它，还希望可以让人们对其有更多的思考。我也对“游戏”在“治疗”中的运用以及如何实现这一点很感兴趣。

丽莎 让我们直接进入正题吧。我想问，什么是游戏与艺术疗法？你在哪儿工作，对这份工作有什么愿景？

菲奥娜 游戏和创意艺术治疗本质上是在允许儿童用非语言的方式来讲述他们的故事。成人可能会去找咨询师或心理治疗师交流沟通，但儿童并没有同等的语言能力，也没有同等的能够用言语表达自己体验的能力。这类疗法的目的是通过建立一段经过时间检验的、值得信赖的关系，为儿童提供一个安全的空间。通过这种关系与游戏，儿童可以关注他们认为重要的事情，并有意或无意地探索它们。

游戏疗法简史

1909年，弗洛伊德发表了小汉斯的案例，这是首次考虑在儿童治疗中运用游戏的案例。随后，赫尔曼·胡格-赫尔穆特（Hermine Hug-Hellmuth）、安娜·弗洛伊德（Anna Freud, 1919）和梅兰妮·克莱因（Melanie Klein, 1955）都探索了在儿童治疗中使用游戏的方法，因为很明显儿童对成人常用的治疗方法没什么反应。20世纪30年代，大卫·利维（David Levy）探索了游戏的“宣泄”功能。同期，泰夫特（Taft）和艾伦（Allen）则强调儿童与治疗师之间的关系，他们认为这样可以使儿童更充分地表达与展现自己。直到1951年，卡尔·罗杰斯（Carl Rogers）提出了人本主义的治疗理念，他的学生兼同事弗吉尼亚·梅·阿克斯林（Virginia Mae Axline）才发展出了游戏疗法的理论和描述。阿克斯林提出了非指导性游戏治疗的八项原则。其中，建立温暖、信任的关系，接受儿童的真实状态以及允许儿童主导游戏等原则强调了人类在始终追求成长的信念。

随着对神经生物学的进一步认识以及不同方法和技术的使用，游戏疗法不断演变和发展。有时，游戏治疗师可能会根据需要和背景以不同的方式进行工作。虽然“游戏治疗师”并不是一个受官方认定的职称，但他们通常是专业组织的一部分，遵守伦理框架并需进行临床监督，并由专业标准机构来监管他们的工作。

菲奥娜 这是可能的，因为游戏是一种神经生物学上的安全空间，也是我们人类进化史的一部分。儿童可以选择通过艺术、音乐、动作、戏剧、沙子、黏土、木偶等方式交流；在创作的过程中感受自身的存在。作为治疗师，我可以用许多不同的方式倾听和回应。

当儿童讲述他们的故事时，他们有机会感受到被倾听。被倾听的感觉是我们作为人类的一种基本需求之一。我们绝对需要这种被倾听的感觉，也需要一个讲述故事的空间，因为如果我们无法理解自己的故事、思想和感受，可能会在找到立足之地和前进方式的过程中遇到困难。

丽莎 我很喜欢这样，我想老师和社会工作者都可以考虑在课外活动中加入这种方式。这些活动不仅有着潜在的治疗效果，因为它们具有节奏性、重复性和身体感知性，还给了孩子们遇到喜欢做同样事情的人的机会，这创造了构建许多人际关系的机会，而这种关系比成人与孩子之间的关系更广泛、更多元化。我热衷于为儿童创造交朋友的机会，以建立他们的社交网络，增强归属感，这还可能帮助他们找到另一种缓冲的成人关系。但我猜你的工作面向的主要是特定的服务对象。人们怎么接触到你呢？你一般在哪儿工作？

菲奥娜 我会在不同的场合工作。我会和慈善组织合作，给当地社区提供游戏治疗服务，为家庭和儿童提供医疗条件下的治疗支持。我还会在私人诊所工作，给寻求帮助的家庭或者寻求游戏疗法的机构（比如寄养或收养机构）提供服务。我的工作内容很多样化。

丽莎 你如何看待非常普遍的服务之间的联系呢？比如说，在学校里，既有确保所有儿童都能享有那些机会的服务，也有你提到的对特定儿童的有针对性干预服务，这些儿童早期可能经历了极大的创伤。你一开始提到我们所有人都需要游戏，那么它与那些特定的干预之间有怎样的联系？

菲奥娜 我反复强调，不要将疗法视为孤立的事物，也不要仅将治疗方法归属于治疗本身。我们的社会可能会觉得，游戏是无关紧要的，是种奢侈的享受。回顾人类从原始社会进化到能够游戏的这个过程，稍作了解斯图尔特·布朗（Stuart Brown）对人类进化过程中游戏重要性所做的研究，再研究一些斯蒂芬·波格斯对游戏让人类能承担风险、感受情感的讨论，你就会意识到，游戏对于个体及人类整体的幸福和发展而言是多么基础、重要。所以，游戏绝对不应是奢侈品！

游戏能让我们不断提高自己的容忍度，用于应对困难和可怕的感受，这对于自我调节至关重要。如果我们不去呼吁，告诉大家游戏——尤其是社会性游戏——是所有儿童的权利，那我们就感受不到它所能带来的所有好处。

我在很多工作中聊过，我们每个人有多么需要游戏以及如何把那些富有玩乐性的互动引入我们的生活中。我们如何为游戏创造环境？成年人又该如何与孩子一起玩耍，并让他们主导玩耍的过程？成年人在不知道玩耍会带来什么结果或引发什么内容的情况下，如何允许孩子掌控玩耍的方向？有时候，成年人需要认真思考如何承担这个责任，让孩子自由地探索他们想要探索的事物。

丽莎 在这方面，我想到的是和脆弱有关的东西，以及人类需要游戏这个事实所展现的脆弱性。我常开玩笑说我不是一个非常喜欢游戏的人。我也确实觉得，当我们所做的不是那些让自己觉得舒服的事时，会觉得很不自在。话虽如此，也的确有很多事情我做得很自在，你可能会将它们形容为好玩的事。所以，我觉得有关脆弱性和游戏的实际含义，还有些问题需要解开。

再聊脆弱性，你说成年人在游戏时可能会有强烈的控制感与不适感。我想知道，是否存在一种认为游戏在某种程度上看起来像是“无所事事”的观念。而我们又深陷于一种文化中，即必须看起来像是在做某件有意义的事，但游戏似乎毫无意义，事实上，有很多研究显示，尤其是对年幼的孩子而言，游戏是非常有意义的。

菲奥娜 是的，除非身为成年人的我们极度专注、保持好奇心，否则就会觉得什么都没发生。我之前参与的游戏治疗培训提到，我们要考虑到，总有事情在发生。我们要观察孩子的整体情况，包括他们的肢体语言、精力强弱、参与度如何，还有他们可能在做的事情，这些都能传达出许多信息。有时，只有反复思考你注意到的这些细节，才能找到线索，了解孩子生活中的大事小情、他们对世界的感知与思考，并将它们联系在一起形成一个整体的认知。游戏给了孩子一种自由感，也让他们拥有了平常不曾拥有过的能量，给了他们机会去以不同的方式看待世界，想象世界可能的样子。

丽莎 有什么与神经科学有关的研究或实验吗？

菲奥娜 那可太多了，我们可能都并不知道，也不太清楚！就先说说多重迷走神经理论吧，依据这个理论，人体会不断审视外在环境，以寻求安全感。它告诉我们，人体的迷走神经是如何不断工作帮助自身应对不安感带来的压力的。在我们参与社交或玩游戏时，这种状态会自动让我们感受到安全。在我们开始感到不安时，求助于社交神经系统能有力地帮助我们整个神经系统冷静下来。因此，说回游戏治疗，玩游戏就是在进行社交互动，这是一个安全的信号。如果在游戏中，我们感到恐惧或愤怒，那就给了身体和副交感神经系统一个去感受而后适应压力的机会。此外，当我们感到压力或受到威胁时，被邀请、允许或鼓励进入一个充满游戏氛围的地方也会帮助我们转入社交参与状态，并增加安全感。

还有镜像神经元，正是它们让我们有了感同身受的能力，建立了人与人之间的联系：右脑到右脑的沟通。我们的连接存在于意识之外的层面。一个能够意识到自己生理状态的成年人在与一个可能失去调节的孩子共处时，多多思考自己的状态并进行调节，有助于创造整体的平静感。你正在为孩子创造一个小小的安全空间，让他们在其中工作，并观察可能让人不舒服或更难处理的事情。

丽莎 成年人的自我调节能力在这种对话中非常重要，但我经常发现，某些常在工作中与孩子打交道的成年人或是处于难以自我调节的工作环境中的成年人并不具备这种能力。我想，这对孩子的影响，（用我们常用的词来说），类似于“（一个）失调的成年人无法约束一个失调的孩子”。所以从你的角度来看，游戏确实提供了这样一个机会，让我们退一步，深呼吸，对孩子所做的事付诸好奇心，这样就可以与他们产生共鸣，进入他们的世界，以游戏为媒介，让孩子表达内心的故事与情感。如此，这些故事的传达就不会是无意识的。

菲奥娜 是的。

丽莎 那么，你是怎么进入这个无比有趣的行业的？

菲奥娜 我刚工作的时候是个幼儿园老师，因为我当时无条件认为早期教育是最重要的，但某天我成长到了需要去理解自身经历与故事的那个阶段，到那时我才改变了方向。

当你还是个孩子，成长在一个没法谈论事情的环境中，或者你的经历有不完整的地方，且你没法询问这些缺失，那会影响你的人生。我成年后对自己的生活和故事有了些非常零散的了解。如今我意识到，在我与自己周旋的过程中，我的心理健康问题也在逐渐显露。直到经过多年的心理治疗和与心理健康服务部门的各种交往之后，我才开始研究依恋理论并了解创伤。我之前从未意识到创伤会影响我们的身心。突然间我才感觉到了这种联系，真正从内心理解了我所经历的事情。对创伤对我们的思维、成长和人际关系的影响有了一种切身的理解，这让我想要为此做些什么。

我希望能有个机会，让那些未曾宣之于口的故事得到倾听。回想童年时，我总想知道，如果当时我找到了这样的一个空间，体验会如何。从那时起，我决定从事与儿童和家庭有关的治疗工作，这是我真正想要做的事。

而且，我在家校环境里工作了很多年，所以我常常强调，孩子不是独立存在的。虽然我的工作一般只直接接触孩子（通常是小学年龄段的儿童，也有例外），但偶尔也会接触更广泛的角色，承担协助工作。与父母或看护人交流，与学校、各个系统合作，参与其中，这都很重要。我不仅关注孩子本人，做好服务于他的计划，也是在创造一个环境，在该环境中，我们要考虑到身处不同环境的孩子，考虑到我的工作能怎样拉近我们的关系。

丽莎 我认为这是服务领域中最具挑战性的事情之一，因为我觉得服务行业仍然非常注重对眼前个体的关注。在超越这一点之前，我想你所说的会非常困难。也就是眼前出现的问题并不仅仅是孩子自身的问题，而是需要考虑周围所有的系统因素：政治、社会、家庭、教育、不公平、不平等……我认为，服务很难真正做到不加剧伤害，而是能够解决已经发生的伤害。我对心理痛苦的“医疗化”很好奇，尤其是在我们经历了如此动荡的时期之后。对当前教育界一些知名的辩论我也很感兴趣，特别是关于对心理健康、创伤的思考，或者对待边界和行为的极端观点。这个谱系似乎缺乏细致的区分。

菲奥娜 我不断地提醒自己和他人，我们展现的行为往往是对环境和情境的一种适应。我认为，当我们自认自己是在不断为生存而努力、不断发展自身，以适应所处的各种情况时，就能让我们更全面地看待行为，不再纠结于那些狭隘的二元分类，即简单地将行为分为遵从（某种标准）和不遵从（某种标准）两种情况。

丽莎 我觉得，在经历过疫情……以及隔离之后，这些经历显示了人类实际的适应能力，也锻炼了大家的同情心、同理心。

菲奥娜 是的，能这么想很好。

丽莎 我们深入探讨了你的愿景，也聊到你的驱动力来自你自己在寻找这种服务时的需求和利益。我想很多读到这篇文章的人都会明白，我的确对对话这种具备激励作用的方式充满热情，正如本书所展示的那样。

因为我认为这些对话正是我身为年轻的从业者、身为一个学生，希望阅读和倾听的，因为通过对话，才能更好、更聪明地理解多年来为那些处于困境中的人而工作的人们。关于你的愿景，你还有其他的想法吗？你对儿童和青少年有何呼吁行动的建议?

菲奥娜 我想呼吁大家，珍视、允许并尊重儿童和年轻人的声音，承认他们在这个世界中有一席之地。也想告诉大家，我们**尊重游戏，也允许游戏**。孩子有多少自由玩耍的机会？孩子们生活中的很多事都由成年人组织和监管，这种不断的监管必然会影响他们在这个世界上的生活方式和他们表达的自由。如果我们能让儿童与青少年通过自主选择、自我导向的游戏获得主动性，去体验冒险、发展理解力、管理社交情感，学会合作，那么游戏将赋予他们成为我们社会需要的成年人所需的技能。

感悟

作为一个把游戏视为挑战的人，把游戏视为可提供安全感和解决脆弱性的方式为我们提供了新的思考角度。作为成年人，游戏在我们生活中所占的比例较小，这让我很好奇，教育领域如何看待游戏呢？对于那些沟通能力较差的孩子而言，游戏是他们为数不多的表达情感或解释某个人、某件事对自己的影响的有效方式，倘若大量的时间投入学习，那么可供他们游戏，表达自我的机会就会减少。

讨论要点

如果我们认为游戏对我们的幸福和发展至关重要，那么你给自己创造了怎样的游戏机会？

将行为视为对环境的一种适应，是否有助于更好地应对那些我们可能觉得具有挑战性的行为？

这次对话是否改变了你对游戏的看法？

第三部分

有关创伤的思考

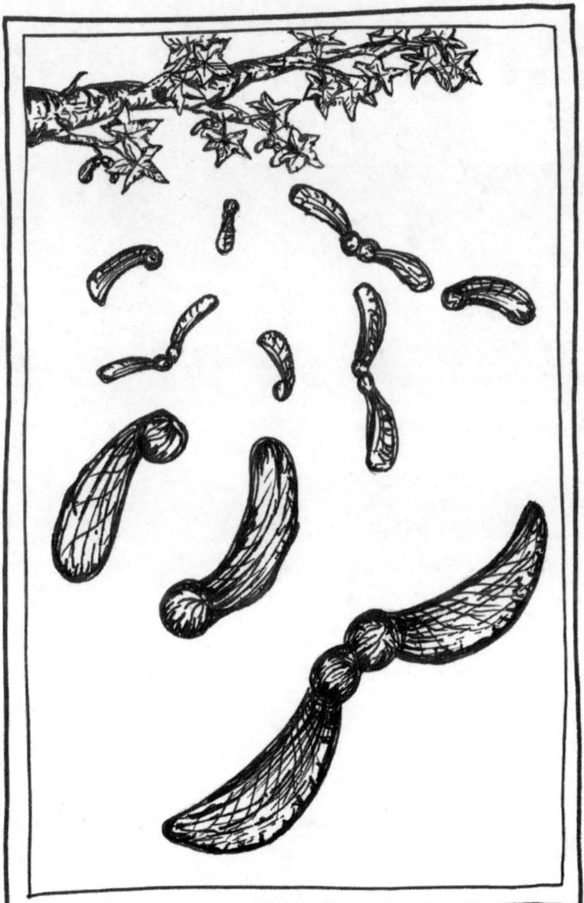

飞翔

在确定的边缘，
一个刹那
足以让孤独的仁慈之手
打开曾被剪断的羽翼。

克丽茜·凯利

简介

在第一和第二部分我们分别讨论了依恋与逆境，而在本书的最后部分我们即将讨论创伤这一话题。这一领域十分广泛，有许多书籍、资源可供参考，以辅助你对创伤、康复以及复原能力的思考。依恋、逆境和创伤领域使用一致的专业术语有助于跨领域和跨学科的合作。这对于指导实际操作、与同事进行有效沟通以及理解本书中讨论到的主题非常重要。

创伤是什么？

经常听到人们将创伤、逆境、依恋和忽视这些词混为一谈，这样做可能会让人对所指的内容感到困惑。人们可能会就此假设，所有的创伤都是成年人对儿童的故意伤害行为。理解创伤的方式有许多种，且由于对创伤的了解是个不断发展的领域，对其进行明确定义略显困难。对于创伤的定义也会因创伤类型而异，因为“创伤”是一个涵盖社区、文化、人际和医疗创伤的总称。在这一部分我们主要讨论应如何思考创伤。

为了帮助读者更好理解，我会在下文提出一些定义，但也请读者记住，针对创伤有着数以百计的定义，且不断有新的定义出现。童年创伤康复研究所（The Institute of Recovery from Childhood）将其定义为“一种事件或一系列事件，如侵犯、虐待、忽视或悲剧，导致的极为无助的经历，会引发恐惧”。加博尔·马泰（Gabor Maté）将创伤描述为导致创伤的事件发生后你内心产生的一种情感或心理状态，这种状态让你与自己和现实世界之间产生一种割裂感。我在培训中常用的一种定义是："创伤是一种经历或一系列经历和/或社会条件产生的影响，打破或背叛了我们对安全、归属和尊严的内在需求。"使用这个定义，主要是因为它体现了我们的相互关联性。

凯伦·特雷斯曼博士提出的另一个可能有用的定义是：

"创伤"一词源自希腊词汇"traumata"，意为刺穿或伤害。创伤可以是身体上的、情感上的、精神上的、社交上的、感觉上的以及道德上的伤害。例如，社区创伤可以直接影响并破坏整个社区的结构和关系，而人际关系创伤则可以在多个层面上造成伤害，包括对信任、界限和安全性的背叛和侵犯。

创伤有许多类别，重要的是，经历创伤的人能够以自己的方式定义创伤，从而与其产生共鸣，且不必再接受他人强加的定义。

由于本书主要讨论的对象是儿童与青少年，因此我将主要关注一部分不同类别的童年创伤。英国儿童创伤应急网（The National Child Traumatic Stress Network）列举了一系列创伤类型，下文为我们或许会感兴趣的一部分创伤。

1.霸凌：一种有意且主动的行为，目的在于对弱者造成社交、情感、生理和/或心理上的伤害。

2.社区暴力：与受害者没有亲密关系的个人在公共区域实施的有意的人际暴力行为。

3.复杂创伤：儿童接触到多种创伤事件的情况，这些创伤事件通常是具有侵入性和人际关系层面的，并对其产生广泛而长期的影响。

4.灾害：自然灾害，包括飓风、地震、龙卷风、野火、海啸和洪水，以及暴风雪、干旱、极端高温和风暴等极端天气事件。

5.早期童年创伤：通常指发生在0–6岁儿童身上的创伤经历。

6.亲密伴侣暴力：也称为家庭暴力，是指一个人故意对任何过去或现在的伴侣或配偶造成伤害或威胁伤害的行为。

7.医疗创伤：儿童医疗创伤应激是指儿童及其家庭对单个或多个医疗事件作出的心理和生理反应。

8.身体虐待：父母或照顾者实施了导致儿童或青少年身体受伤的行为。

9.难民创伤：许多难民，尤其是儿童，经历了与战争或迫害相关的创伤，这可能会对他们的心理和身体健康产生长期影响，即使事件过去已久。

10.性虐待：儿童性虐待指儿童与成年人（或其他儿童）之间进行的某种互动，在这种互动中，儿童被用于满足施虐者或旁观者的性刺激。

11.恐怖主义和暴力：家庭和儿童可能会受到大规模暴力、恐怖主义行为或社区创伤（如枪击、爆炸或其他形式的袭击）的深刻影响。

12.创伤性悲伤：虽然许多儿童在亲眼见证死亡后能够慢慢恢复过来，但某部分儿童会存在持续的心理障碍，这种障碍会干扰他们的日常生活，并使他们很难回忆起与自己所爱之人有关的积极记忆。

这个清单并不详尽，你或许还有其他想要加进去的内容，比如说与文化、代际、兄弟姐妹有关的创伤。由于创伤的复杂性、多面性、多层面性和跨学科性，故而了解有关创伤的更广泛、更重要的内容十分有用且重要。因此，我建议读者进一步阅读下文关于创伤的内容。

大脑发育

如果我们花点时间来思考童年创伤，就可能会了解到，我们身体的各个系统都在成长，在整个童年时期，我们都在适应自身的经历和周遭的环境，并与它们产生“联系”。通过反复刺激，突触之间的连接变得更紧密，形成神经通路，最终成为我们内部结构的一部分。如果没有安全感，也没有成年人与我们产生共鸣，或者本应该保护我们的成年人却反过来伤害我们，生存系统因此被激活，那么这个系统就无法平静下来。这也会对发育中的系统造成压倒性的影响。如果这种情况一再发生在一个孩子身上，我们可以想象出这会对他们造成怎样的影响，这些经历又会如何深深地植入他们对世界的认知之中。目前已有大量研究探讨有关创伤与后期认知和执行功能障碍之间的关系，提彻尔（Teicher）和蒙巴塔尔（Munkhbaatar）对此进行了进一步探讨。

毒性压力（Toxic stress）

这是哈佛儿童发展中心提出的一个术语，用以描述婴儿或儿童情绪大脑中心出现超负荷的压力，同时身边没有成年人与之共同调节这种压力的情况。儿童发展中心认为，压力主要有以下几种：

正向压力（Positive stress）

健康的发展过程中正常且必要的一部分，这类压力出现时，孩子的心率会短暂上升，并且荷尔蒙水平会稍稍升高。

可承受压力（Tolerable stress）

比正向压力更强烈，出现的时间较短，成年人的支持可以作为帮助孩子适应这种压力的缓冲，孩子也因此有机会从中恢复过来。

毒性压力

可能在持续的逆境中发生，如生理或情感虐待、长期忽视、暴力环境和/或家境贫困所积累的负担，同时，孩子身边没有成年人可以提供有效的帮助。这可能会影响大脑结构和其他器官系统的发育，增加孩子患上与压力相关的疾病和认知障碍的风险，甚至延续到成年时期。

史可夫（Shonkoff）等

童年经历会影响人的发展，“研究表明，早期创伤经历极大地影响了人们在发展过程中学习的轨迹”。目前已有大量研究探讨有关内部结构可能受到影响的问题。

镜像神经元（Mirror neurons）

这个术语指的是人类有意识地相互模仿的能力。有了镜像神经元的存在，婴儿和照顾者之间才会出现依恋互动（比如大人伸舌头时，婴儿会模仿）。镜像神经元让我们能够相互模仿以进行学习，如今也被认为是产生共情的根源。简而言之，有了它们，我们看到别人喝水时，也会想喝水；或者当别人打哈欠时，我们也会跟着打哈欠。在更复杂的层面上，它们帮助我们理解文化和人类共同的行为。

多重迷走神经理论（Polyvagal theory）

该理论是斯蒂芬·波格斯（Stephen Porges）的研究成果，非常复杂。本部分篇幅较短，无法全面介绍该理论。不过，本书向你介绍该理论，最重要的是引入“安全科学”的概念，同时也需要理解我们常听到的“战逃反应”（fight/flight response）。

自主神经系统（ANS），巴德诺赫（Badenoch）也称之为“安全守护者”，具有一套副交感神经，控制我们的“休息与消化”模式（我们保持冷静的能力），还有一套交感神经，是支配应对压力或战逃反应的系统。波格斯认为，我们还有一个额外的副交感神经支配下的社交互动系统。这个生存系统是自动的，并且旨在保证我们的安全。

波格斯的模型认为，当我们感到被威胁时，寻求安全感的第一选择就是依恋，寻找亲密之人、面带笑容的脸庞、温暖之所和与我们有情感关联的人。声音和眼神接触也同样重要。如果在其他人身上感受不到安全感，我们的战逃反应机制就会被激活。倘若这个机制也无法成功保护我们自己，那么自主神经系统中最原始的部分会引发一种冻结反应，有时也被称为假死，就好像我们正在为死亡做准备。

创伤会影响这个机制，使它过度工作，在不必要的时候持续激活，并对身体的所有系统施加压力。

探寻安全所在，或者说帮助他人让他们感知到安全感，就是一种干预措施，因为只有当我们感到安全时，我们才能建立关系、调节情绪，接着可以学习、成长，培养人际交往中的恢复能力。比如说，能帮助他人，让他们感知到安全感的方式就包括传递温暖，微笑，以及提供、创造舒适和滋养的环境。

记忆

在我们生命的早期，三种记忆——内隐记忆、外显记忆和叙事记忆——就已经形成。内隐记忆指的是我们在无意识的情况下记住的事物。这种记忆是在婴儿两岁前尚未发育海马体时通过重复的过往经历形成的，其存储在大脑的不同神经区域。我们不会回忆它们，不“知道”它们的存在，也意识不到它们起源自何处，但我们可能会在身体中感受到它们，它们亦会以感觉、观念和思想的形式浮现出来。外显记忆指利用海马体储存下来的事实信息和自传式记忆，这类记忆需要我们积极回忆才能浮现在脑海之中。叙事记忆将内隐记忆与外显记忆编织在一起，形成一个故事。在强烈的创伤经历之中，海马体很可能受损（Siegel，2012），同时，海马体也告诉我们，从创伤中疗愈需要人际关系和身体实践的参与。例如，记忆与创伤之间的联系能帮助我们更好地理解闪回、噩梦和解离症。

创伤的影响

对于儿童和年轻人来说，创伤的影响很可能会表现为情绪调节困难、解离感、感官处理障碍以及言语和语言障碍。这些是那些遭受发展性和关系性创伤影响的人常见的四个主要问题。人际关系、自我概念和身份也可能受到影响，成年人面对未解决创伤导致的行为可能会感到困惑。

了解创伤带来的影响对儿童与年轻人很有益处。笔者推荐阅读蒂里（Thierry）、特雷斯曼（Treisman）和米切尔（Mitchell）、图西（Tucci）和特罗尼克（Tronick）的相关研究。

理解创伤

理解创伤实际上是一个机会，借此机会，我们可以去认识（学习相关知识），去感受（需要鼓起勇气、保持谦卑地去自我探索），去存在（将我们在应对由具有挑战性的行为产生的困境中所学习到的应用于实践）对创伤的理解可以指导我们如何将这些信息和知识融入我们的回应和干预中。这可以被概括为：

创伤意识——提高对创伤的认知

创伤知情——促进安全、赋权和疗愈文化的形成

> 一个具备“创伤意识”的程序、组织或系统，意味着它能意识到创伤的普遍影响，了解潜在的康复速度；它能识别出客户、家庭、员工以及与该系统有关的其他人所表现的创伤迹象和症状，并通过将创伤知识充分整合到政策、流程和实践中，主动努力抵抗二次创伤的影响。
>
> 药物滥用与精神健康管理局（SAMHSA）

创伤感应——指确保组织的价值观、语言、政策和环境在一个连续的反思、监督和咨询过程中对创伤有所认知。创伤敏感也与可持续性相关，如果少数努力将其融入文化的人离开，这些理念和价值观仍将存在。“从认识到成为到感知，到实践”（特雷斯曼）。

理解创伤实际上是了解创伤影响身体和心智的具体表现，以及影响自主神经系统对内隐记忆和外显记忆的响应（巴德诺赫）。在之后的对话中，笔者将带领读者一同关注线上创伤、二次创伤以及创伤给儿童和青少年带来的全球性影响。

9

与卡思·尼布斯的对话

网络危害、网络生活及其对儿童和青少年的影响

假如我们要找寻适合如今的生活方式的服务，那么关于网络危害、网络创伤以及了解与之相关的儿童和青少年的服务需求的对话似乎是至关重要的。

卡思·尼布斯是我最喜欢的与网络世界有关的人之一。她是一名临床研究员，无论在学术上还是在实践中，她都是一名网络创伤理论家、顾问、从业者和导师。此外，卡思是一名心理咨询师，也是一家名为“第四号私隐”（Privacy Four）的公司董事，该公司旨在教授专业人士如何处理个人数据，尤其在咨询方面。她的很多工作都涉及作为一名创伤治疗师在临床实践中为儿童和青少年服务，因此，她有很多心得可以分享给成年人，让他们了解儿童与青少年在网络上的实际情况。

丽莎　我的第一个问题是，心理治疗、个人数据和网络危害是如何与青少年和儿童工作交织在一起的？

卡思　1996年以来出生的所有孩子通常被称为千禧一代或Z世代，他们出生在一个科技和互联网触手可及的世界。因此，孩

子们在这个时代所做的任何事情都会被记录在网上，或者被我们这些与他们共事的人记录下来，我们有必要把这一点纳入实践中，因为我们现在在为生活在虚拟世界的一代人服务。

丽莎 我觉得这涉及我们要思考服务机构本身以及如何利用服务机构和教育部门将儿童和青少年生活的特定方面纳入日常工作中。实际上，服务机构和教育部门并不是特别善于整合这些知识和智慧，我很好奇为什么会这样。我脑海中浮现的一个想法是，我们根本不了解，因为我们不是在这样的环境中长大的。在你的工作中，这是什么样子的？你对此有什么想法？

卡思 数字世界中，有分别用来描述25岁以下和25岁以上人群的术语。我可能会被归为所谓的“数字移民”[1]，但实际上我不是。我是个“数字原住民”，因为我从八九岁开始就一直在运用科技，身边也充斥着技术产品。我认为当今世界的成年人面临的挑战是，他们经历了“互联网之前”的时代，而现在的世界则是“始终在线上”。年轻人只熟悉“始终在线上”的生活方式。因此，我们正试图将这两个世界综合起来，而关于技术的一个问题是，我们还没有真正理解其长期影响。我们目前还处于研究的初级阶段，就像20世纪90年代对于大脑发育的研究一样。我们经常谈论神经科学，但事实上，我们对大脑的了解非常有限，同样的比喻也适用于网络空间和技术领域。我们创造了一些东西来帮助我们，但我们还不了解它对我们的全部影响。

---

[1] 数字移民（digital immigrant），指出生时计算机、手机等数字产品尚未普及的人。下文的“数字原住民”（digital native）则指那些从小就生活在数字化环境中，天然地对计算机、智能手机和互联网等有亲近感的一代人。——译注

丽莎 你是如何进入这一工作领域的?

卡思 我大约九岁的时候就开始用电脑了。那时的我渴望学习如何打字，了解电脑的功能、怎么改变它的边框，以及如何用电脑做其他地方完全不可能做到的事情。我在准备普通中等教育证书考试时选了学计算机，之后继续学数学，后来又进陆军做工程工作，因为计算机自诞生以来一直是技术、工程和进步的支柱。1984—1985年，计算机成了主流，进入家家户户，也成了人们交流和创造的新方式。我决定从事技术相关的工作，因而婚后离开军队，进了大公司，从事计算机工作。

遗憾的是，因为人与人之间没有接触、没有深度联系，我觉得这削弱了我的灵魂。这是我用来形容技术、从事计算机工作的话，因为许多从事游戏和技术工作的人就是这样的一群人。你确实需要长时间坐在办公桌前才能达到你想要的结果，这涉及编程，涉及让计算机做你想做的事情。所以，虽说这是一个迷人的世界，但它拖慢了你的脚步。

然而，与此同时，我们现在处于一个技术时代，编程所需的时间越来越短。技术的进步呈指数级增长。字段重叠和合成的能力变得越来越强。我们现在利用技术所做的事情将对人类产生重大影响。例如，这周我听说，用不了多久，CRISPR（规律间隔成簇短回文重复序列）[1]等技术将越来越能影响特定的基因技术。我们可能正在开发一种技术，它可以创建视网膜显示器，对于黄斑变性患者，我们可以使用此技术编辑这些基因，让他们获得更好的视力，

---

[1] CRISPR是规律间隔成簇短回文重复序列的缩写，它是一种基因工程技术，可以在DNA水平上产生改变。它有潜力改变、删除或添加基因组，使其在测序时产生不同的结果，例如表观遗传学类型的结果。

甚至可以将其扩展到用基因编辑食品或设计婴儿。这非常令人兴奋，但同时也非常、非常令人生畏，因为我认为我们没有考虑到所有的伦理方面的长期影响。

丽莎 你也是一名心理咨询师，为儿童和青少年做心理咨询。人们目前对长时间上网的影响以及与此相关的服务并不了解，和我聊聊相关的情况吧。

卡思 在2020年，许多社会服务机构、教育机构，甚至心理咨询师都不完全理解网络生活的影响，原因在于，他们自己并不是这样使用这个技术的。人们对长时间上网的感受存在一种天真的认识。目前全球有48亿互联网用户，而人脑的结构表明，它可以随时管理大约150种人际关系。这被称为邓巴定律，源自对狩猎采集部落的研究（Dunbar, 1980）。如果你转换角度，可以想象一下，被150人监控是什么感觉，这会给你带来高度的同伴压力，高度的群体感……让你超负荷运转。这是一种总是被监控的感觉，总是处于某人注意力的中心。这会对行为造成影响，还会影响心理、大脑发育和人的成长。

花一秒钟时间想想，有48亿人可能看过你的脸书个人简介上的图片。了解到这一点，我们就能理解为什么年轻人希望确保这张图片无可挑剔，要达到完美了。

这就是年轻人正在做的事情之一，即编辑自己的身份，因为他们充分意识到周围每时每刻都伴随着巨大的压力。这种压力意味着任何时候都可能有人对这张图片发表带着恶意、伤害或怨恨的评论，又或是赞美之词。这是许多年轻人塑造自己身份的地方，也决定了他们在网上如何互动、做什么事情，以及是否会被他人所接受。

此外，我们还会感受到因来自内部（同伴）和外部（外界）

的压力产生的巨大责任。年轻人所面对的压力，对我来说几乎是无法理解的。因此，我试图以一种方式去理解，对于年轻人来说，这种现象的本质是什么？我该如何向一个需要理解和掌握这种复杂性的个人、组织、学校和系统解释这一点？

丽莎 在我听来，你讨论的很明显是身份认同，以及青少年和儿童是如何形成这种身份认同的。除此之外，还有界限，以及我们如何支持和帮助儿童和青少年围绕那48亿人设立界限。我想知道，有哪些人在做这项工作？

卡思 是的，这就是我目前正在努力理解的。我们拥有所谓的网络安全。网络安全行业就是教孩子们在网上保护自己安全的，就像现实世界中的安全一样。最常见的说法是，现实中我们教孩子们如何过马路，如何警惕陌生人的危险。这就是我们试图在网络媒介中教育孩子们要做的。然而，作为成年人，如果我们不知道网络空间实际上是什么样子的，那么我们怎么告诉孩子们如何保护自己，如何过马路，如何意识到在网络空间中进行某种行为所带来的后果？如果我们对孩子们进行这方面的教育有困难，那么我们如何向其他教育工作者传授网络空间的复杂性呢？

对我来说，网络安全文化是值得关注的事情，网络安全行业也和青少年一样在摸索前行并“发现”。不同的是，我们（成年人）可以很好地预测后果，因为我们的前额叶皮质已经成熟，而青少年没有。我在研究中看到，更常见的情况是，我们告诉孩子们如何在网上保护自己，但他们完全按照自己的做法行事，即无视这一建议，绕过它，去做一些事。然后，我们又会根据刚发现的孩子所做的事情来制定网络安全方面的建议，尽管我们之前可能对孩子可能做、能做、应该做、将会做的事情一无所知。

丽莎 在消化这些信息的过程中，我强烈感受到，这和诱导行为、极端化和霸凌等问题的风险密切相关。主流教育领域忽略了这部分内容。

卡思 是的，我还认为这是一个词汇问题，因为我在和人们谈论网络欺凌时经常遇到的一个困惑就是，我们对于这个词的理解各有不同。这是因为目前有许多类似于引战（trolling）、电子骚扰（e-harassment）、网络骚扰（cyber-harassment）、跟踪（stalking）、过激行为（flaming）和网络危害（online harms）等不同的定义。太多不同的定义让它可能偏离原意了。分类和定义非常困难，我们甚至发现，在警方的网络犯罪会议上（我经常担任这些会议的演讲嘉宾），他们无法将网络犯罪和实体犯罪分开，因为二者间存在重叠。儿童所面临的问题和我们进行教育的方式似乎正在发生变化，但目前我们尚不能够对其进行分类，所以我们也在不断地通过实践来学习。

例如，实际上所有犯罪现在几乎都与某种形式的网络行为相关，不论是在调查前还是调查后都会浮出水面。可能是WhatsApp对话、电子邮件，也可能有电话。技术现在是犯罪的一部分，也是我们身为社会的一分子在每一次互动中必然接触到的东西——不论是网上银行还是朋友交谈，都会涉及技术。

所以，我认为，就我们试图进行的教育而言，当我们自己不理解这些问题时，我们就很难向其他人传达这些主题。所以说，由于复杂性和误解，这些领域往往被忽视了。

丽莎 那么，你的意思是不是你不清楚教育应该从哪里开始？你对儿童、青少年和成年人如何在这个领域合作有什么愿景?

卡思 对，目前在教育领域，除了每年一次对孩子们进行网络行为教育外，就没有其他必须做的了，而老师们并不精通这个特定的领域。社工一般不明白存在安全问题时该怎么处理。根据我过去十年的实践经验，我必须适时提醒社会工作者，这是安全保护问题，它为什么是安全保护问题，接着不得不深入探讨这对网络空间的实际意义。所以，我认为应该对教育儿童的从业人员和从事儿童工作的人员进行教育，这应该是发生在政府层面的（这里的政府层面应该打上引号，丽莎）。我们从网络危害的法案入手，但它被推了又推。英国政府最近刚因为未实施年龄识别程序被告上法庭，该程序防止儿童访问色情内容，政府“败诉”了。所以，我们目前在着手推动其中一些法案的通过。但即使在政府层面，我与相关人士交谈过，他们也不完全理解网络世界的影响。当制定网络危害白皮书时，它被称为“网络危害”（online harms），却完全忽略了伤害的四种类型——对于从业人员、教育者和受害者来说，关于网络危害的分类或类型没有明确规定——它似乎指向了社交媒体公司，社交媒体公司又把矛头指向了父母。目前，我们面临着这种政治三角关系，每一方都指责对方，称应该由你们来教育。

所以我的愿景是，社交媒体公司、应用程序和平台的开发商有必要与知情的政府部长们和知情的政府派别合作，因为英国确实有DCMS（数字、文化、媒体和体育部）。但同时，我们还需要一个具备创伤知情背景的代表，可以来自网络安全行业，也可以来自其他行业，如社会福利、防护、护理、教育、治疗师和所有与年轻人接触的人。因为现在，在被视为网络弱势群体的儿童中，最大的一部分是照护系统中的儿童。

因此，照护系统和青年系统中的孩子一般是在学校之外最后接受教育的群体。这些孩子是最可能进入我们所谈论的激进主义、极端材料、网络欺凌、黑客攻击领域的人，因为他们很容易陷入某个论坛或某个网络空间，在那里，同侪压力变成了内部群体与外部群体的对抗。而正是在这些地方，他们最可能会受到类似于帮派的影响。

丽莎 我想起2020年疫情管控期间发生的事情，当时我需要把所有的工作都放到网上，我与从事儿童工作的专业人士一起工作。我注意到（并了解到）的是，这些专业人士使用在线平台这方面非常落后。因此，现在我们不是必须谈论社交媒体和我们对它的看法，而是必须要谈谈使用新平台的熟悉程度。我的意思是，我想向每个人致敬，他们真的在很短的时间进步了很多，因为各种需求，人们被迫把工作放到网上。但令我感到吃惊的是，地方、学校和组织中的员工被雇主抛在了后面，他们根本不知道如何访问平台。

卡思 说起“社交媒体”一词，大多数人通常想到的是脸书（Facebook）、推特（Twitter）、领英（LinkedIn）和照片墙（Instagram）。不过，社交媒体还包括电子邮件。我对“社交媒体”的解读是，它是人们之间联系的方式。疫情期间，许多专业人士都感到困惑。初期，我花了很多时间与人们交谈，尤其是尽力去教我的同行，因为大量使用这项技术的不足之处在于，当现在的这些孩子们长大，20岁、30岁、40岁、50岁直到60岁时，仍可能会面临数据挖掘和其他进一步问题的巨大风险。这与当前个人数据和电子数据的处理方式有关。因此，我花了很多时间来教人们怎么使用平台以及使用特定平台的影响。我也充分意识到，有一些社交媒体平台的服务完全不适合与年幼的孩子一起使用。

有些人不顾法律。有一项法律，由信息专员办公室起草，涉及对13岁以下儿童的数据处理和同意事项。由于疫情，许多组织（为了帮到这些孩子，我们当时不得不那么做）将法律、隐私和数据保护放在了次要位置，而把“先提供服务”放在了首位。我试图告诉人们，我理解提供服务的需求，但我们也需要考虑到许多被使用的技术从这些年轻人那里获取了大量信息，我们（成年人）现在可能已经创造了一种情况，也许在十年之后才能看到后果，这些孩子可能会遇到一些障碍，例如，他们是否能够旅行、是否能够获得医疗保险，大量的数据挖掘可能已经发生。我们没有任何迹象表明谁拥有这些数据，因为我们绕过了数据保护法律，无意中给许多年轻人创造了这种局面。

丽莎 那我们需要注意什么？对于现在从事儿童和青少年工作的人来说，你想要传达什么重要信息？

卡思 我认为我们有必要对他们的数字生活充满好奇和关心。我教咨询师的一件事是，当有人来参加我们的治疗时，最开始我们通常会问：“你好吗？”埃里克 · 伯尔尼（Eric Berne）有一本名为《说了你好后你要说什么？》（*What Do You Say After You Say Hello?*）的书描述得很好。因为实际上，我们说的第一句话是：“你好，这一周过得怎么样？事情进展如何？”我建议第二个问题问：“你在网络上过得怎么样？”无论以什么方式问，“你在网络上过得怎么样？”或“你上网时都在做什么？你和谁在线上交流？”都是必要的问题，因为对于我们成年人来说，我们能看到网络生活和现实生活之间的分割线（然而，对于儿童来说，二者没有区别）。我认为，作为成年人，我们需要提出这个问题，这样我们就能在心中理解这种区别。

在教育领域经常会看到一幅有关线上/线下的文氏图。但对于青少年来说，二者间并无二致。他们的生活既是线上的，也是线下的。我觉得对于成年人来说，首要的问题是事情最近怎么样，为了我们能更好地理解，我们需要把网络生活具体化。孩子们看你是很滑稽的，可能会提出“你说的网上是什么意思？你说的网络空间是什么意思？”类似这样的质疑。所以，我有时会问，“这周你看了什么？你都在玩什么游戏？”，因为我知道“看”包括看网飞（Netflix）等，这是我对他们所述的理解，是换位思考。但是，对于那些不懂这些词汇、不欣赏网络行为的人来说，利用线上与线下的区别，通过这种提问方式，可以给你提供新的信息深度。

比如说，有一位咨询师之前给一个孩子做了咨询（这个孩子在找过这个咨询师之后又过来找我），并且问他怎么看待网上交友。这位年轻的客户说，他们在网上与许多人交谈。之前的咨询师不明白，这些网上的人可能是儿童犯罪的加害者。事实证明，情况确实如此。我问的问题让我走上了一条完全不同的道路，在第一次会话中，我就确认了这个孩子正在受到诱导。这似乎就是拥有这种知识所带来的优势。我很荣幸自己能够理解这个世界。因此，我觉得也许这是我的责任，让人们了解孩子们为什么在网上做某些事情，他们的网络行为大致有几类，他们在哪里做这些事，以及作为成年人，我们如何理解相同的术语和空间。是的，我们只需要在孩子们所在的位置与他们相见。

丽莎，我们要做的始终都是在孩子们所在的地方与他们相见。

丽莎 在他们所在的地方与他们相见，提出正确的问题，表现出好奇和关心。

卡思 是的！

感悟

卡思提出了关于身份形成的问题，以及线下生活和线上生活两种概念。我认为她的呼吁很有力量，也即让我们在问“最近怎么样”之后，再问一句“你的网络生活怎么样”。马上就能让人感觉到，发问的成年人对这个领域有所了解，这很可能有助于更好地建立融洽关系、参与其中并建立联系。

讨论要点

你认为，为什么受照护的儿童被归类为最易受网络伤害的人群？

你对儿童和青少年的网络生活了解多少？

你将如何增进自己对儿童和青少年网络生活的认识？

10

与苏菲·吉尔伯特的对话

社会工作、培训以及防止职业倦怠

在担任社工多年后，苏菲的兴趣更多投注于社工的培训与发展（以帮助社工留任且避免因频繁接触创伤而疲惫不堪）。作为一名全职培训师，我想和苏菲谈谈培训在一线工作人员的福祉中起到的作用。

丽莎 那么，和我聊聊你因为什么契机选择了现在的工作吧。是什么指引你走到这里的呢？

苏菲 我现在的工作涉及社会工作的学习和发展层面，我刚做社工时就负责这方面工作。在我工作的地区，我是首批试用评估和在职支持项目（Assessed and Supported Year in Employment，ASYE）的一分子——那年是这个项目运行的第一年，当时感觉就像我们是试验品一样。

我记得，有次一个培训结束，我感觉自己很有动力，但有些培训就没法带给我任何收获，会让我整个人十分消沉。当时我的经理正在开发评估和在职支持项目项目，也给我们的学习与培训提供了一些支持。我逐渐意识到，面临挑战和困难时，推动我前进发展的是人际关系和学习。

我并不把自己归类为学术人士，也从没有废寝忘食地读过书。但随着我的事业不断发展，我阅读的热情也与日俱增。我开始关注自己感兴趣的领域，并根据需要扩大我的学习范围。开始帮助并指导其他人之后，我也会为他们的发展而学习，还会分享自己的学习成果。我发现，当有其他人支持我去自主学习且这件事还涉及某种人际关系时，我会有强烈的愿望去学习更多——所以，对我来说，关键是要和其他人一起继续做这件事。

所以，在我做社工的这段时间里，与他人——培训师、经理甚至高管——的关系和他们的影响鼓励我走出去，学习更多。他们的鼓励让我有了去学习和与他人分享所需的信心。

成为社工后，通过在不同的地点工作，感受到他们的进步，这种学习的动力也不断增强。看到需要改善的实践领域，将知识和技能注入其中，才能为儿童和家庭带来更好的结果。在做儿童相关的工作时，我发现，有时我们做的决策时机并不对，这会进一步影响到儿童本身。这一发现驱使我希望其他人也能找到他们对学习的热情，帮助儿童与青少年取得更好的成果。

对我来说，人际关系和学习是让我选择从事当前社会工作的基石。

丽莎 这很有趣。所以说，因为你在社会工作领域的个人学习经历，你希望能成为一名社会工作培训师，或者参与到社会工作者的培训过程中。

苏菲 是的，确实如此。就像我说的，我从来都不是什么爱学习的人，在实践方面，我的表现要好很多。但随着时间的推移，我有了动力，与管理层以及团队其他成员建立了很好的关系，也就真的加入了社会工作学习的行列，因为它鼓励着我不断成长。

丽莎 苏菲，我想知道，在社会工作中，假如说那种帮助他人的热情开始消散，你又如何利用它呢？也许每天都沉浸在创伤之中正是同情疲劳的诱因，也因此会产生负面影响。你在社会工作中常见这样的情况吗？

苏菲 是的，当然。我经常在我的培训课——给因为某种原因来找我们的孩子与家庭上的培训课——中提到这点。我们不会挨家挨户地敲门说："你好，我能进门看看你的孩子吗？我能来确认下一切是否正常吗？"我们帮助的每一位孩子，无论是依靠领养来找寻一个"永久"家庭和"永恒"家人的孩子，还是仍处于初始评估阶段，寻求庇护与依靠的孩子，无论他们所需的是哪一类服务、哪个部门的帮助，他们所在的家庭都会存在这些问题，我们必须去解决或提供帮助。

总会有一些原因推动着我们参与其中，这同时带来了我们必须面对的、一定程度的心理创伤。我们总是看到人们生活中最糟糕的那部分，当事情进展不顺利时，我们会和人们一起经历这些创伤。作为社会工作者，我们不仅要处理别人的情感创伤，还要承受在人们生活中扮演如此重要的角色所带来的压力和紧张。作为社会工作者，我们必须做出可能影响到人们生活的决策，而这些决策所带来的工作压力会产生进一步的紧张心理，我们必须处理和控制这些压力，以便继续工作。

我认为，我们都一样，总会有那么一刻需要去询问、去意识到自己是如何处理这些问题的，是如何塑造自己的复原能力的，是如何度过那些艰难时期而没有精疲力竭的。社会工作者存在一个平均"保质期"，这几乎是社会工作领域的常识，但也可能会让人恐慌。当然，这个常识并不适用于其他工作，那么，为什么社会工作领域会有这样的常识呢？那是因为我们始终面临着创伤以及它们带来的影响。对我来说，作为一个社会工作者，我已经在不知不觉中有了复原能力。我已经学会了如何切割个人生活与工作生活中的思考与感觉，但不是每个人都能做到这一点。如果没有复原能力，你就会失去对工作、对职业的热爱，反过来，在这种情况下，你的努力和才能也会变得毫无意义，自我认知也会受到影响。

对于那些在这方面挣扎的人，我们要问的是，我们可以做些什么来帮助他们应对所面临的创伤，并重新点燃他们对工作的激情？我们如何帮助他们习得这种复原能力呢？

丽莎 你觉得什么能帮助到那些还没有感觉到职业倦怠的人？

苏菲 我和英国不同的地方政府合作过，他们找到我，是为了试图改进日常的工作实践，从而改善儿童与家庭的未来。当我最开始获得职业资格，成为一名被认证的社会工作者时，我所处的位置其实是上一任员工离开的地方，人们都不开心，压力很大。我们彼此间建立的关系将我们紧密联系在一起，使我们从不稳定过渡到稳定且优秀，让每个人从工作中获得安全感、得到支持，让每个人都愿意在第二天仍继续工作。这种关系不仅让我们不惧怕讨论创伤，减轻我们在工作中面临的一些压力，还能让我们坐下来开怀大笑，谈论私人生活，分享一些我们在工作之余所经历的事情。

我认为这种关系的好处在于，通过了解彼此，我们能够互相支持。互相支持，就可以让我们知道某个人家中可能发生了一些事情，或者注意到别人的行为与平时不同，因为你很了解他们，可以做出判断。了解彼此意味着，我们与彼此站在一起。管理层也是其中的一部分，你会看到他们也常常参与到这种关系的构建之中。正是这些关系所形成的文化，让我们紧密团结，共同渡过难关。

丽莎 这真的很有趣，因为你所描述的社工团队中的人际关系，正是帮助你们渡过困境的原因，与此同时，你也正需要拥有它，才能更好地与那些需要与你合作的人共事，不是吗？

苏菲 确实是的。于我而言，在学习和发展的世界之中，一切都与人际关系有关，我也运用了这个原则。如果面前的人没有动力，或者只是勉强参加，我会尝试建立一种关系，尝试从个人层面去了解他们，而不仅仅是在工作层面上，因为我认为这才是有效的方法，也是打破某些障碍的方式。

这也是一种人性化的方法。尤其是在新冠肺炎疫情期间，我那时一直在家工作，孩子在身边跑来跑去。我们都是人类，都身处属于自己的特殊环境，在某种程度上，我们必须知道这一点才能建立关系，找到共同点。这种方式能促进彼此间相互理解、相互合作以实现共同的目标。当有人接受、理解并支持你的一部分时，你就获得了一种可以给予回报的能力，从而建立起坚实的关系基础。

我之前的工作——还是之前提到过的，与希望得到改善的英国地方政府合作——做了好几年。我和很多人一起在那儿待了很多年，培训了所有员工，有差不多200多次。从参与游戏环节的员工到一线社工，通过一次又一次培训，我已与每个人彼此了解。因此，他们很乐意找我问问题。他们会毫无顾忌地跟我说“我现在很挣扎”，也会乐意与我讨论他们个人生活中进展顺利的事，还会跟我说：“我想申请这份工作，想做那件事，这个怎么样，你能帮我吗？”

那时候，我有幸组织并参与员工奖励日——在这天，大家会花时间对工作出色的员工给予认可与感谢。那天真的非常美好，每个人都心怀感激，欢呼着鼓掌，起立致敬，坚实的团队精神由此构建。那天下班时，大家都满怀欣喜，抱着积极的工作态度离开那栋大楼，对明天的工作无比期待：“我迫不及待地想去工作，等不及地想帮助另一个孩子、另一个家庭，想去做所有的事情。因为，你看，这是个超棒的地方。”所以，当你这么去做的时候，当你去搭建人际关系，花时间回馈对方，去奖励去欣赏时，员工自然而然就会留下来。你在构建员工在工作中的安全感，让那些日日相伴的痛苦不在他们心头萦绕徘徊。

丽莎 这样才能留住员工，不让他们受创伤影响太深，让他们有动力去工作。那么，这对接受他们帮助的人有什么帮助，对他们正在做的工作有什么影响？

苏菲 如果人们能在工作中获得快乐与安全感，那在与各个家庭共事时，他们也会将这种态度、行为与氛围带入其中。不仅如此，他们还会更愿意去做这项工作……就像我之前说的那样，我想去学习其他东西，因为学习这件事让我感觉很好。这也是他们将会有的感受。

他们会急切地去寻找一些新事物、新方法、新模式、新的工作方式、新工具、新的直接教学表或新的互动游戏。你会拥有一批更愿意投身工作的员工，他们能有效地处理一切变革，并且身体力行，成为其他人的榜样。你可以通过在社工中建立这种积极的文化环境，来激发这种积极性和热情。这不仅能让他们的实践最为新颖，采用最佳的实证方法，也能帮助我们为之服务的孩子/家庭实现可能的最好结果。

这是一段尤塞恩·博尔特（Usain Bolt）的视频，在社交媒体上很火。视频展示了他所有比赛开始前的情景。每场比赛开始前，他会四处走动，和人碰拳问好、谈笑风生，拍肩、逗乐，和在场的每个人热络联系。视频中，我们可以看到，所有人想亲近博尔特，因为他创造了这种氛围、这种关系，让人人都想置身其中。

这表明，努力建立良好的人际关系可以让你吸引他人关注，获得他们的积极回应。因此，如果你身为一个社会工作者，能在工作、团队合作以及所提供的服务中实现这一点，尤其是在与儿童或家长一对一工作时，那你便会感觉到自己的到场、专注是有动力的，因为你之前已经付出过努力去了解和学习相关的知识；你会感觉自己很不错，会为自己感到高兴，因为你正在向某些人传递这些内容；你会试图去建立那种关系，以便他们能与你互动。

在我以往从事的有关学习与发展的工作之中，无论是与刚取得资格的社会工作者、学生合作，还是与那些已经获得资格很长时间的社会工作者共事，我都认为修复式实践策略[1]是我工作的基础。我会投入时间去建立人际关系，创造一个安全的学习环境。我与我合作或培训的人之间建立的这种联系，能够增进沟通，提高责任感和透明度，增强团队精神，让人有获得支持的感觉。我亲眼见证了这种方法是如何激励社会工作者重新投身实践，并促进他们的职业发展的。

[1] 修复式实践策略（Restorative Practice）旨在促进个人之间的和解、建立积极的关系。这类方法常用于学校、社区等体系中，与过去事后的惩罚体系不同，这类方法更倾向于关注在错误行为发生之前建立关系，以阻止并减少冲突和错误行为的发生。——译注

丽莎 这话说得真好。苏菲，你觉得怎样才能被称作一个出色的社会工作者呢？我是说，你已经非常生动地描述了社会工作者要胜任这份工作需要具备的条件，那你认为，就他们能够实现的成就而言，他们最好的品质是什么？

苏菲 我觉得，对我来说，一个社会工作者需要知道他们自身的局限，这是他们自我修复能力的一部分。他们需要知道自己是谁，是什么样的社会工作者。在我和新手社工的合作中，包括他们自己的职业发展过程中，有部分工作是围绕着他们的专业身份而开展的，即他们作为社会工作者的特性、身份是怎样的。了解自己意味着你知道你的优势在哪里，弱点在哪里。由此你便可以扬长避短。这有助于你提供最好的服务成果，为儿童和家庭实施最有效的实践方法。

对我而言，做一名好的社会工作者不仅仅需要了解自己并且花时间去建立那些关系。成为团队的一部分也非常重要，因为团队是社会工作者所需要的“智囊团”。一提起“团队”二字，我立刻会想到某些让我感到最舒适、最安全、最受支持的团队。我们会为彼此，为我们的个性、独特的品质、各自的经历而欢笑，这一切让我们有安全感，让我们得以成长发展、充满信心。

之前，我与儿童服务部门合作，力图改善他们的服务。在这段经历中，为了给他们有关学习与发展的文化带来积极影响，我所有的出发点都离不开“关系”二字。我运用了科特（kotter）的变革八步法来打破障碍，帮助他们发展。变革八步法的首要步骤就是激发紧迫感，利用关系来建立并且推动变革。使用修复式实践策略倾听他人的经历与观点是构建良好关系的基础。我觉得自己在工作中以热情和积极的态度充当了社会工作者在应对变革方面的榜样。通过运用科特的变革八步法，我几乎总是能选到那些我知道他们会投入其中的人，并让他们加入，接着他们又会吸引其他人参与其中，这些人也会积极参与并有效地应对变革。

在我以往的工作中，花时间去建立关系非常重要，我也因此能够找到“冠军选手”（那些愿意加入、有着积极的人际关系并愿意投入其中学习的人），与他们合作，采取措施推动变革并营造学习之风。我所见证的是，这种方法可以为大家塑造行为、态度和参与度的范例，进而让愿意参与新变革的人增多，形成一种积极的组织文化。

丽莎 在服务资源减少、待处理案件的数量增加以及许多预防性服务被取消的情况下，你所描述的那种理想情况变得有多难？出现过多待处理案件和严重资源短缺时，情况会如何发展？哪些因素有重要意义，或者说哪些因素会真正给服务机构带来损害？

苏菲 身为一名社工，我职业生涯的一部分就是在这个改进过程中探索。正如我所说，在我曾共事的一些团队里，出现过员工纷纷离职的情况。我待的第一个团队员工寥寥无几，因为很多人已经离开了。但是团结我们、促使我们进步、让我们成为一个整体的，是拥有一个强大的管理团队，这个团队理解人际关系的重要性。我还记得，经理在晚上10点漆黑一片的时候和我一起出去，只是为了确保我的安全。这一点点努力就有着很大的影响。他们的支持让我想要更加努力工作，因为我对他们的支持心怀感激，也因为我观察到了他们的做法，了解到了好的模范是什么样的。我们团结在一起，相互支持。管理者为我们树立了建立良好关系的榜样，我们紧随其后，在团队中加强并巩固这种关系。

每周五，我们都会留下来，确保每个人都已返岗，接着和大家说：“不要把工作带回家。你们这周末有什么计划，我有什么能帮忙的吗？”如果有孩子周末需要照顾，那我们会通知整个团队。“谁可以待命？我来准备安全座椅，你准备文件。”接着我们会齐心协力解决问题。在待处理案件很多、资源短缺时，这种团队合作真的很重要。即使你的待处理案件很多，即使服务水平不佳……即便如此，与你的团队和经理之间建立良好的关系仍旧至关重要，因为这是你所依赖的后盾。由此你便依然认为自己可以取得成就，保持自信与自身的能力水平。

我知道缺乏服务的影响。这也告诉我们为什么社会工作中的学习和发展如此重要。因为有时候，我们得不到帮助与支援，身为社工，我们经常需要自己动手解决问题。我遇到过有人说“我做不到，因为那不是我的专长”的情况，可有时候你必须得做。但是，如果你没有动力，感觉不到快乐，没有安全感，如果你觉得自己在工作中受到了不公待遇而不是得到了支持，那么你就不会全力以赴——也就不会投入努力。所以说，关键在于积极的组织文化和积极的支持性关系。将学习和发展作为一种重要的职责/任务，可以强化这些要素，因此，学习与发展应当成为社会工作者工作的重要组成部分。这也是我热爱自己这个角色的原因之一。

丽莎 你对社会工作有什么愿景？如今我们已经迈入21世纪，正在对话的我们，正处于一场全球大流行之中，这给社会工作带来了属于它的问题、挑战与关切。在21世纪，你觉得社会工作处于怎样的位置？

苏菲　这么说吧，现在，在目前我所工作的英国地方政府之中，我看到的是“适应”。就像我们一直所做的那样，社会工作总是离不开变革。有时候，变革比天气变化还快。这就是我对社会工作的看法。我想它正处于适应之中，就像在2020年隔离期间一样——我们从面对面工作转变为几乎所有工作都通过线上进行。我们改变了工作方式，让收养孩子的家庭与他们有更多共处的时间。我们改变了开展直接工作的方式、家访的形式、开会的方式以及工作环境。所以，我现在在餐厅工作，周一到周五都如此。培训现在也在线上进行，有了分组讨论室和其他各种各样的功能。

我想，无论将来发生什么，社会工作都会适应的，这个领域能找到最好的实践方式，来帮助儿童与家庭实现更为积极的成果。我想这是关键所在，对吗？如果你感到有动力，如果你觉得你能够胜任自己的工作，有些优势可以发挥，感到自己得到了他人的支持，那么你会再次挽起袖子，不断适应这个环境。

感悟

糟糕的培训会让人感到无精打采、失去兴趣且心生抱怨，组织的文化和环境有时候也无法提供良好的培训条件！苏菲提醒我们，优质的培训不仅仅是传递知识，还可以为员工提供一个良好的学习氛围，重新激发员工的活力，减轻次生创伤，建立良好的人际关系。这需要培训师具备一定的技能，能够深思熟虑。培训工作有时表面看起来轻松自如，内里却有很多复杂的事情。

讨论要点

你如何为创建一个注重良好关系的文化做出贡献？

你个人在开展自我认知这方面做了什么？

你认为培训在哪些方面对你有支持作用？

11

与萨斯·鲍彻的对话

与创伤共事、留住员工以及员工福祉

萨斯·鲍彻是一名私人诊所的顾问兼心理治疗师。他还是自我关怀心理有限公司的联合创始人，该公司产出博客文章、提供培训，专注于一线从业人员在与那些遭受创伤和痛苦的人共事和倾听他们时能够获得的福祉。

萨斯 如果我们因为没有鼓励员工照顾自己、互相照顾，而让那些受过高度培训、充满热情和关怀的从业者离开，这简直无法让人接受。

丽莎 你是怎么进入这个领域的呢？

萨斯 我干了很长时间和家庭暴力相关的工作。最开始，我就是一线工作者，为那些受家暴或者刚逃离家暴的人服务。那时候对于我们这些一线人员来说，几乎没有什么结构化的、官方的培训来教我们怎么去倾听、去帮助客户。之后，我转去做培训和管理工作，开始负责管理24小时求助热线、社会外展服务和收容所。

我意识到，自己没有多少和客户一对一的工作机会，所以经过深思熟虑之后，我决定开始学习咨询和心理治疗，还获得了这方面的硕士学位。最初我打算当咨询师、心理医

生，为遭受家暴和性暴力的人提供治疗。

我还记得有次听过一堂讲座，应该是研二的培训课，中间有个简单的环节，介绍了和创伤“共事”会带给我们怎样的影响。当时我只是看着幻灯片心想：“对，我就是那样。”这可能是我第一次意识到，很长一段时间以来，自己一直在倾听他人的经历、痛苦与创伤，却没有考虑到自己也有需要照顾的时候。

丽莎 这很有意思，不是吗？因为大家普遍认为你做得到，我不知道这种观念从何而来，就好像你是机器人一样，可以不断去处理创伤，不会受它影响。而且如果你受影响了，就好像你出了问题似的，这是更糟糕的。

萨斯 对，可以看作是一种缺陷，同行和管理者也都这么想。实际上，我还记得有个同事在参加了独立家庭暴力事务顾问（Independent Domestic Violence Advisors，IDVA）培训回来后说：“你听说过‘同情疲劳’这个词吗？你听说过‘替代性创伤’吗？”大家的共识都是：“我们会没事的，这个概念是真的吗？我们手头还有事儿要干呢。”

我最开始考虑硕士时期的研究方向时，认为它肯定是和家庭虐待、家庭暴力相关的，也预料到，它会涉及为客户提供的治疗性工作。直到我参加了学校里有关自我照护的会议之后，其他想法才开始涌现出来。

我意识到，自己之前担任过见习社工的实践教师，曾与IDVA们合作并担任管理者，还拥有丰富的一线经验，了解到倾听他人实际上会给我们带来痛苦。作为一名顾问，我有责任监督临床治疗，以保证从业者的安全，同时也保障我的健康。那么，其他角色如何得到帮助呢？社工和IDVA们在何处有机会倾诉、交流，建立安全关系以谈论他们所倾听到的内容，以及在某些情况下所见到的后果呢？

所以，这就是我的研究真正开始的地方。幸运的是，我对社工顾问和家庭暴力有所了解，意识到我们大家都在倾听相同的内容，但受到帮助的机制却截然不同。当然，我无法接受这样一种观点，即认为我们脆弱，认为处理这类问题是我们自己的责任。这让我觉得，在大家心目中，这个行业的从业者好像是可有可无的。总有人会想，“如果他们因为压力而请假或离职，那我们就再找另一个人”或者“他们真的全身心投入吗”。相反，我们应该思考如何照顾和帮助我们的从业者。

丽莎 你提到“责任”二字，我在想，这是不是反映了这样一种想法，即和你合作的人是一个单独的个体，他们要对自己的命运负责，这种想法也以一种动态的方式反映到了工作者身上，认为他们身为个体也应为自己负责。这样就能够为一系列问题找到借口，比如不平等、不公平、有害的服务和有害的团队。你的研究在这方面进行了怎样的探索？

萨斯 我完全同意你的想法。我不确定，在考虑到这一责任时，我们有没有足够的时间去思考这些相似之处，尤其是在那个时候。但在当时那样严峻的情况下，丽莎，我真的很想做些什么，因为我在慈善机构工作过，见过很多教师、社工和从业人员由于资源不足而面临困境，我想尽力找到有支持性、有帮助的解决方法。

每个层面的责任都很重，但是我想做的是弄清楚从业人员真正需要什么。我觉得，将从业人员的福祉建立在不同的理论、不同的实践、不同的策略和框架上可能会很有用。如果没有人真正去问一线从业人员他们需要什么，那么只是改一改政策或部门的名称，在咨询上花费大量资金，又是否有意义呢？

另外，你肯定觉得问从业者的意见是常识。我认为，我们与服务对象以及主管或经理之间工作的平行关系对我们也是适用的。在以人为本的工作中，提供一致性、共情和无条件的积极关注是非常重要的。例如，如果我们的从业人员在督导过程中从支持他们的经理那里得到了这些核心的治疗要素，建立了一种让他们感到安全和支持的关系，那我们可能会处于非常不同的境地。

我的研究是个很小的定性研究——参与者是顾问、社工还有IDVA们，他们定期（可能是每天）会倾听和创伤、家暴有关的内容。我招募他们参与这个研究时，并不知道他们都在“职责范围”内痛苦挣扎，在情感和身体上都受到了伤害。

我与他们每一位面谈，想知道对他们来说，什么是有效的，什么能起到作用。如果他们身为从业者感受不到被人倾听或被人支持的感觉，那什么能帮助到他们？我真的很想以非常简单且人性化的方式找到一种能够帮到他们的有用方法。

我的研究中最重要的主题是人们严重低估了同行的力量。不仅是因为同行的支持对从业人员的日常福祉至关重要，还因为那个询问参与者是否遇到困难的人通常就是同行。同事们（不一定是管理层）会坐下来问：“你还好吗？你看起来不太好，我们能做些什么？”因此，同行支持成为我工作中最有价值、最出色的一部分。

丽莎 需要为它腾出个空间，对吗？

萨斯 对的，空间，还有投入。人们意识到，也许增加彼此的支持和关心并不那么困难。也许关键在于彼此友善、尊重，创造一个可以交流的讨论场所。

最近我在工作中遇到一位同是一线从业者的客户，他正在努力适应目前这种新的线上工作方式。他们有一位“有趣的经理”，每天早上都会参与其中，与每个人聊天，开玩笑等不必总要求沟通学术化，但必须人性化。

我们应保持友善、相互工作，期待我们的工作会产生影响。我认为这一要素与创伤知情相关，让我们不再假装无事发生，假装我们无须任何支持就能各司其职，让我们期待它的发生，努力去预防而非处理危机。我想，没有人能一直忍受痛苦而不受伤害。

丽莎 所以说，当我们考虑到继发性创伤时，人们可能会遇到一些特定的问题，对吗？也许有些事情对人们产生了影响，可能会发出预警，告诉他们周围人的创伤也在影响着他们自己。

萨斯 确实如此，但我真正担心的是，很多从业人员甚至不知道同情疲劳和继发性创伤的存在。所以，实际上，他们会感到震惊，然后松一口气，发现他们并不是唯一在与这个问题作斗争的人。这是个“问题”，大家认可它的存在，且这是我们可以处理的问题。

我意识到我稍微偏离了你的问题，但是如果我们意识不到职业创伤和疲劳——这是我在研究中用来更简洁地描述压力、倦怠、同情疲劳和替代性创伤的一个短语——的存在，不了解它们是什么，那就无法解决它们。这是我的工作中另一个绝对充满热情与活力的层面，先知道它是什么，给它起个名字，再与之抗衡。

所以说，我们当然需要了解从业者自身过去的创伤如何对他们造成影响，但如果我们想更具备安全感地工作，首先就需要明确地知晓它是什么。

丽莎 是的，一旦人们意识到了这一点，他们就会开始讨论，怎么去创建一个能对这些事情有所反应的组织。想一想，继续从这个角度入手，对儿童和青少年的经历会有怎样的影响？

萨斯 完全没人意识到这点，这真的令人毛骨悚然，对不对？只有当各机构、从业人员和管理层都意识到这一点时，我们才能尝试解决这个问题。可怕的是，在很多领域，从业人员的职业创伤和同情疲劳的概念及其影响都被掩盖隐藏，或因为缺乏意识，或因为不愿承认，这样各个机构和整个行业的文化就不用为此做些什么，也因为某些人彻底的伪装，展现出“我会没事，我能应对，我很坚强”的外表。

我知道我现在什么时候会挣扎，什么时候需要休息、自我关怀、倾诉，因为我非常清楚，如果我不了解、不照护好自己，就无法完全为我的客户尽责。

因此，从业人员不知道或者不被允许认识这些概念真的很可怕。如果我们不知道，就无能为力，因此有许多从业人员正在挣扎并未意识到这一点，也没有寻求帮助，这样一来他们服务的儿童和青少年完全有可能面临更大的风险。

我们培训了很多从业人员，他们总说：“压力太大我也没法请假。真的是这样，因为如果我请假了，那些孩子们都会没有主心骨。可能会（也可能不会）有另一个我们团队的成员代替我一阵子，但实际上，他们不会像我一样了解那些孩子，他们不会了解的。”

这种情况真的会拖慢他们的脚步，因此，也许对我们而言，找到维持良好状态的方法或许会很有帮助，这样的话，我们就不必痛苦到那种地步，因为从专业上来说，意识到人无法实现自己想要实现的目标的痛苦会给人更大打击，不是吗？

那一刻，不仅我会笃信自己失败了，或者说深感自身的弱小，因为我为自己所听的而困扰，而且实际上，我会抛下所有服务对象与客户跑去疗愈自己，而他们将再次陷入困境。

“它悄无声息地出现，为什么我注意不到？”我常听到这句话。“为什么我没注意到它，为什么我们对职业创伤和疲劳一无所知？”我对此深感愤怒。

我们自我关怀心理有限公司会做培训工作，我们也在探索，拿到社工的大学学位后，还要研究心理治疗咨询和怎么做好我们的工作，为什么没人教我们怎么扮演好自己的角色？我们一直在和人合作，为什么没人告诉我们，鼓励我们保护自己呢？

丽莎 这是咱们的对话中非常核心的问题，对不对？我可能会问，为什么，为什么没有你说的那些东西，为什么大家期望我们能胜任这种以人为本的工作却不会受其影响，这种期望从何而来，谁会从中获利？

萨斯 没有人会得益于此，不是吗？我也不想做不必要的批评——我知道在过去几年间很多课程有所调整，也有些课程囊括了自我照护、职业创伤与疲劳意识这类内容——但这些东西非常直接地与其他因素相悖。我们有些社工受到的教育与现实完全相仿，实话说，他们受到鼓励，让他们“尽全力付出三到五年时间，因为那之后你会筋疲力尽”。

这个问题很普遍，每次我参加培训时都会有一些人坚信在三到五年内他们就会彻底筋疲力尽。这个数值显然来自过去的研究和实践数据，但出于某种原因，业内没能形成一种鼓励大家改变这种情况的文化。我还看到，有些社交媒体并不同大家想象的那样有帮助，这很可怕。我曾和一个社工学生交流，她说“我读大学时，老师教我们要有个‘备胎’工作，因为这个工作做不了太久”，这让我心碎。我很少碰到为钱来做这份工作的人。这份工作和同情心有关，和回报社会、互帮互助有关——我们需要改变！

丽莎 对我来说，有一些制度性的障碍制约了我的想法，即花时间和服务机构一起进行“关系干预”。比如，我一直在想那些受照顾的儿童和那些离开寄养机构却可能如常人一样仍需要长期关系的孩子；我也对进入一个以短暂性和变化为特点的行业而感到非常好奇。事实上，儿童和青少年真正需要的是长期性、稳定性和安全性。大声说出这一点确实非常刺耳。

萨斯 这很痛苦，对吗？大声说出来这些真的很痛苦。如果我们不能让从业者看到长期性、稳定性和安全性，又怎么能让孩子们感受到呢？

和你对话的时候，我还想到了“培养”这个词。事实上，作为培养他人的角色，我们这些“培养者”也需要被培养。如果我们自己得不到培养，又如何知道如何去培养他人呢？

这真的很痛苦，因为我们没有被他人教导或培养，而我们的文化中又强调自我关怀是一种弱点，照顾自己是自私的，我们应该能够无止境地努力。

我们之中有很多富有同情心和关爱他人的人，他们每天都在努力为他们所服务的群体做得更好，但是，他们会觉得吃个午饭、按时下班，甚至上洗手间都是自私的！

丽莎 是的，我想到一些真正做得很好的地方政府，比如说，我知道利兹的社工留存率很高，在阅读一些资料的时候我发现他们其他方面也做得很不错，所以我将其写入了自己的研究之中。那么你呢，你觉得一个在社工方面表现很好，最终会对儿童、青少年有利的英国地方政府是什么样的？

萨斯 我想它一定是人性化的，像个社区，像一个大家庭、团队，它充满激情，凝聚力强，宛若一个整体，而非一个四分五裂的团体——团体内部的人试图努力游往同一个方向，却因缺乏支持而被淹没。好的地方政府应该不乏领导力，有许多一线教育工作者、教育机构与各个组织。

所以说，对，我们自我关怀心理有限公司和培训团队与考文垂、斯塔福德郡、特威克纳姆等几个不同的地方政府和组织合作过一段时间，他们特别邀请我们与管理层和从业人员合作，因为自我照护需要从各个层面入手，如果管理层在凌晨三点还在给员工发送电子邮件，单纯地让员工进行自我照护、了解自己面临的风险是不够的。

在与我们合作的人群中，这种情况在各个级别非常普遍。如果管理者说："不，你必须按时回家。"从业人员会说："你不回家，我们又怎么能回家？"这需要整个团队共同努力，是吧？能够与一些专业人士合作让我感到非常温暖，他们邀请我们与地方政府的从业人员共同努力，"没问题，我们希望你们照顾好自己，我们允许你们这样做"。领导层需要认识到他们必须改变现状。我们失去了一些才华横溢、经过培训、忠诚、充满激情、有同理心的人，这是不可接受的，仅仅因为我们没有鼓励他们互相照顾，互相关心。也因此，当那些与我们共事的人离开时，我们也失去了一部分连续性、稳定性与同理心。

丽莎 是的。

萨斯 这样不行。

丽莎 我想你已经对接下来的问题有了回答，不过，为了给我们的对话好好收个尾，我还是想问，你想要呼吁什么吗？你认为需要做的三件最重要的事情是什么？在接下来的5年、10年中，你真正希望看到的是什么？你希望看到有哪些改变？

萨斯 首先要回到“意识”这两个字，用最友善、最温和的方式来说，我们需要意识到自己所面临的风险。我们需要意识到，无论我们是通过什么途径担任这个角色的，职业创伤和疲劳是真实存在的，它可能发生在我们身上，但我们完全可以通过相互支持来缓解这种情况。有趣的是，那些非常年轻的看护人和其他无偿加入我们的人们也同样重要，我们也要有这种意识，因为如果我们不知道它是什么，就无法对此采取任何措施。让我们直面问题，不要害怕介入得太早，等到危机出现、失去更多有才华的从业人员时就来不及了。

我认为个人同样有责任，对此，我们常常会受到挑战，“哦，让我们能够自我照顾当然很好，但实际上这也需要机构、政府的支持”。是的，当然是这样，我绝对不会反对这一点，但我一直在说的是，我们个人有责任照顾好自己。

我们与同行之间也存在人际关系的联结，这可以产生巨大的影响。我听说过有人选择留在一个不是自己首选的工作岗位上，不想离开所处的团队，因为那个团队知道怎么照顾彼此、支持彼此。

如果你想要将这个问题提升到战略议程的更高层面，那就去做吧，向你所处的组织、地方政府提出挑战，我们的情绪健康和安全应该与我们的身体健康和安全一样重要。

所以说，意识问题是最重要的，其次是不同层面的责任。我觉得存在很多很简单的方法，比如说，如果你的同事坐立不安，那就鼓励她去厕所；如果你同事手边放着一份盒饭却没吃，鼓励他们吃了它。

为了缓解职业创伤和疲劳，我们构建了五个保护支柱，它们是：1. 意识。2. 监督——要让它有价值有意义，这是一种双向关系。3. 了解创伤相关的知识至关重要，同时真正尊重你自己。4. 自我照顾，无论是在专业层面还是个人层面。携手并进，我们可以实现很多事情。我们可以鼓励彼此午餐时休息一阵子，可以作为团队一起做好，可以让其成为现实，关键是要实现。5. 同行间的支持。

所以，是的，对我来说，重要的是大家共同努力实现这个目标，特别是在我们的小环境中，因为这种努力会产生连锁反应，有助于形成一种工作文化，从而支持我们的儿童与青少年，带来一种健康的、富有同情心的、基于尊重的关系。

感悟

与萨斯的对话实际上延伸了与苏菲的对话中存在的一些主题，尤其是我们必须接受倦怠，而不是通过发展不同的工作方式和转变文化来减轻倦怠。在这次对话中，萨斯和她的工作及研究都向我们展示，一个健康的团队存在对员工福祉的承诺，拥有树立界限和呼吁员工自我照顾的领导力，还会营造相互支持的文化。重要的是，这些支持和承诺不仅仅是口号或空头支票，而是需要不断地重申和实际落实，以确保它们在工作中得到持续的关注和践行。

讨论要点

为了我自身的福祉，我是否有所付出？

我为照顾自己留出了多少空间？

我工作的地方在为同事提供支持和给予承诺方面投入了多少？

12

与本杰明·珀克斯的对话

联合国儿童基金会、童年期不良经历的代际传递与创建创伤知情的学校和社区

在本书的最后一章，与我对话的是联合国儿童基金会（UNICEF）纽约总部信息部门全球运动和宣传负责人本杰明·珀克斯。二十多年来，他一直从事与儿童有关的国际人权工作，主要在儿童基金会工作。本杰明曾担任黑山和北马其顿的使团团长，还曾在格鲁吉亚、阿富汗和印度等国及科索沃地区担任过副使团团长，这只是其中几例。国际视角加上他作为伯明翰大学教育部高级研究员的角色，让我想给你们留下一个广阔的视野，即把孩子放在工作的核心，并重点关注打破代际逆境。本杰明认为应将我们对儿童情感和社会发展的科学认识应用于政策制定之中，他也为我们留下了一个明确的号召，即呼吁全球的儿童与青少年行动起来。

丽莎　　我之所以想和你进行对话，原因之一是你会给我们带来一个全面的概述，不仅能让我们了解英国的情况，还能提供一个国际视角，为我们已经进行过的对话补充一些背景。

所以我的第一个问题是，是什么让你选择从事这项工作？

本杰明 没有人能真正知道他们为什么要从事某一特定领域的工作。我想是我的背景与童年经历让我有了在这个领域工作的愿望。我年轻时心目中的英雄是马丁·路德·金，我小时候就是受护儿童，之后参与了许多积极的活动。20岁出头时，我就和当时的女友出国旅行，在旅行中，我形成了一种理想主义的思维方式，对国际事务和不同文化有了更广阔的认知，这些个人背景和经历相互融合，让我踏上了在联合国从事人权工作的旅途。

在职业生涯之初，我非常关注儿童在冲突地区的生存、教育和保护问题，致力于提供基本的人道主义支援。比如，在阿富汗塔利班政权倒台后，我们开展了一项大规模的教育计划，参与了童子军的复员工作。我们还致力于改善疫苗系统和供水。作为联合国下属的儿童基金会，UNICEF在协调所有其他人道主义行动者方面发挥着重要的领导作用，如此才能确保覆盖某个国家受影响的全部人口。这是一项大规模的工作。

之后，针对儿童社会和情感发展的更深层次和更复杂的问题，贫困和中等收入国家如何利用政策和相关理念来预防代际创伤或让大众心理更加健康、学习更有成果，以及有关儿童贫困的整体议程，我都兴趣颇深。我意识到我的个人背景与我所做的工作之间有着更深层的联系。我开始了自我疗愈和复苏的旅程，这是和我背景相同的每个人都需要经历的，只有如此，我们才能更为蓬勃、茁壮地成长。因此，我逐渐对与自身经历更相关的工作产生了更多兴趣。我仍然从事人道主义工作，但也会关注儿童发展。比如说，我们如何应对依恋和毒性压力，这对决策者而言意味着什么？我们如何将这些知识转化为主流政策？

丽莎 我对儿童工作中的疗愈与康复很感兴趣，尤其是那种感觉，即如果我能改善他们的状况，我也可以改善自己。有没有那么一刻让你意识到自己选择从事当前的工作并非偶然？

本杰明 我想，我们无论经历过什么，都倾向于基于潜意识因素做决定。有时候和同事们深入交流时，我发现他们中的许多人都经历过一些事情，那些事情和儿童状况和公平性有关，在某种程度上真正触动了他们，或是他们目睹了某些不公正的事情，这驱使了他们致力于人权工作。我认为我们所有人都有过这样的经历。

我十几岁的时候参加了一个由政府资助的内城电影制作项目[1]，因为当时我有个疯狂的想法，想成为一名电影导演。教练在小组讨论中解析了每个人的剧本，告诉我们，无论人们认为自己在写什么，实际上都是在讲述自己的个人故事。我认为，人们所从事的、真正热爱的职业就是他们生活经历的延伸。

丽莎 我在培训或者与不同背景的专业人士合作时，一直很想尝试拓展这个领域的内容，不论你是不是将自我展露于人前、你带来了什么、你来自哪里，你都会呈现出自己的特质。

本杰明 完全正确。

丽莎 所以说，在你从事与儿童相关的工作之前，你有什么愿景？对于你所对话的儿童和青少年，你有何期望？你的愿

[1] 内城电影制作项目（inner city film-making programme）是指一种在城市内部（通常是贫困地区或经济不发达地区）进行的电影制作项目，旨在为年轻人提供机会，教授电影制作技能，帮助他们发掘自己的创意和故事。这类项目通常与非营利组织、学校或社区合作，为参与者提供培训、设备和资源。——译注

景如何？

本杰明 我的工作之一是呼吁各地采取措施，防止儿童因可预防疾病、违反人道主义的行为、无法获得安全水源和有效的医疗与食物供应而丧生。这是我工作的重要内容，也是联合国儿童基金会在全球范围内尚未完成的任务。我们还致力于解决儿童贫困和扩大学前教育规模等问题。

不过，我们也意识到了人际关系在儿童生活中的重要性。早期缺乏健康的亲子依恋以及在成长过程中缺乏归属感和人际交往对儿童的影响不亚于贫困和社会排斥。这些因素会对生活造成不利影响，几乎在每个领域都是如此。

如果我们可以在人口层面采取有实证支持的干预措施，通过家访让父母与新生儿之间建立健康的依恋关系，或许能够显著减少童年期不良经历的代际传递，以及它们给孩子乃至于孩子成年后的身心健康带来的不良后果。这将在全球范围内产生重大影响，就像几十年前疫苗彻底改变了全球儿童患病情况一样。

其次，如果我们可以确保儿童在学校和社区中有联系和归属感，将有助于所有儿童的成长，特别是对创伤的缓解与治愈。

推动全球政策关注童年期不良经历的代际传递一直面临着很大的困难。联合国会员国承诺，到2030年消除所有针对儿童的暴力行为，但相关措辞并未提到对儿童的情感忽视。直到最近，人们才意识到要彻底消除对儿童的“暴力行为”，就需要有理性的育儿观念，即肯定物理惩罚对于教育并不奏效。但我们知道事情比那复杂得多。父母实际上是在潜意识地模仿他们自己的童年经历，甚至没有机会去思考或考虑它。如果我们能在公共医疗服务和父母之间建立起良好的关系，那就可以通过社会学习的方式让他们了解育儿策略。

根据目前我们所知的情况，我认为我们可能能够大大减少童年期不良经历的代际传递。这与40年前疫苗在消除儿童疾病方面的作用一样重要，从情感、社交和心理健康方面都是如此。

丽莎 这是一场国际对话，不是吗？和英国有关，和美国也有关，主要关注的就是减少童年期不良经历的代际传递，对吗？

本杰明 是的，但我们仍在努力使之成为一场国际对话。我们刚刚为联合国儿童基金会确定全球倡导的重点，并成功将这些议题之一列入其中，这非常了不起，因为作为联合国机构，世界各国几乎都有联合国儿童基金会的身影，它们也有着相应的影响力。因此，我们正在努力使其成为一个国际议程，我认为这是可行的。

说到童年期不良经历的应对措施，大家可能会想到社会工作，或者可能是司法部门。但是，看一下统计数据，我们会发现，只有不到3%，有时甚至不到1%的这类儿童受到关注与保护。也就是说，只有比例非常小的儿童会成为我们的儿童保护案例。然而，童年期不良经历研究、儿童暴力研究和其他研究表明，平均而言，具有四段以上童年期不良经历的儿童占15%至20%，而有三段童年期不良经历的儿童比例更高，大约是三分之一。

所以说，社会工作真的很重要，但它们并不能解决宏观人口层面的问题。它们解决的是那些被列入儿童保护体系的案例。所以，宏观人口层面的措施除了预防工作，还需要一定的响应，据我们所知，目前这些响应可以来源于创伤知情的学校与社区。

这背后的核心是一个非常简单的理念。如果孩子在家庭中受到冷落、不受关爱，那么社区中的某个人，不管是其他亲属还是学校，都需要站出来告诉这个孩子，他们是重要的。如果他们相信自己有价值，如果有人能提供一个令人感到宁静、让孩子感到安全、稳定和被关注的空间，让孩子相信自己是重要的，我们便可以让这个孩子学习、成长、发展，并找到自己的热爱。

在奥斯卡提名电影中，大约有25%都在讲一个非常简单的故事，也即主人公经历早期创伤，接着与他人建立一种高质量的关系，人们得以康复，走向需要的目标。

丽莎 这真的是我工作的核心，也是让我觉得非常有趣的事情，因为我们正在进行一场很有意义的对话，在谈论这个问题的同时，我们也不得不讨论为什么这个概念对一些人来说如此难以理解；无论在组织、学校还是社区中，这条信息都具有某些令人困惑的东西。你之前提到了爱，我本想问你，是什么让爱变得困难？我猜这个问题对于我来说也是一样的，是什么让爱变得困难，为什么有些人难以理解某些孩子的需求无法得到家庭的满足，因此需要在提供成年人支持和帮助的服务机构和系统中获得满足。

本杰明 《纽约时报》专栏作家大卫 · 布鲁克斯（David Brooks）曾做过一个TED演讲，主题叫作“社会动物”，这个演讲对我的工作有很大启发。他将神经科学、心理学、社会学、哲学结合在一起，称政策制定者在解释行为的方式上往往非常肤浅和僵化。

政策制定者们之所以做出那些可笑的决定，是因为他们相信人们是理性的行动者，但事实是，人们在做决策、受到启发和激励以及失去动力的过程中，基本上是由社交和情感层面或潜意识层面上发生的事情所驱使的。但政客们不能谈论这个问题。这真的很有趣，因为作为社会动物，政客们在这方面确实非常擅长。他们知道如何建立人脉，如何与人交流。无论是社交上还是情感上，他们都游刃有余，但他们并没有将这一点纳入决策之中。

因此，我们从不会在谈论政策时谈论爱，但我的观点是，童年时期缺爱、贫困和受人排斥的经历，是成年后贫穷和不平等的三个主要驱动因素。无论在哪种背景下，慢性诱导、肥胖、成瘾和心理疾病等问题都需要耗费数十亿英镑加以应对，而这些问题都会严重影响那些童年时期有过多段不良经历的成年人。

丽莎 联合国儿童基金会在增加儿童福祉方面是怎么做的？

本杰明 这是我们每年进行的福祉指数评估，主要研究高收入国家的情况。我们在英国看到的情况是，由于家庭原子化[1]，你看不到几代同堂的情景。在地中海地区，三到四代人一起出去吃饭是很正常的。但这在英国并不常见，英国的家庭趋于孤立化。我认为这是对英国儿童而言非常困难的一点。此外，英国也存在儿童贫困问题，这是非常令人震惊的。在某些方面，英国在高收入国家中表现并不出色。

丽莎 你之前提到我们可以做出的应对方式是预防、响应，第三种方式是什么呢？你说过有三点。

本杰明 第三，我认为我们需要开展一场公开对话。根据我的经验，在我工作过的一些国家，他们从来没有就儿童受忽视或性虐待开展过公开对话。在某些国家，我曾参与过针对

[1] 家庭原子化是指家庭成员逐渐脱离家庭共同体，而且相互之间联系也不紧密的状况。原子家庭通常人数较少，以夫妇及其未婚子女为中心。——译注

儿童暴力或情感忽视的首次公开对话。因此，我们的目标应该是确保所有国家都了解童年期不良经历，且它们的对话不带任何指责性，应当是有关建立联系、舒缓情绪的，旨在打破有关暴力、忽视、虐待和成瘾等话题的禁忌。

我们在研究不同国家的童年期不良经历调查时，发现已经有超过25个国家进行了童年期不良经历调查。虽然它们目前还不具有代表性，但我认为这将会发生改变。我们观察到的是，在文化背景完全不同的国家中，童年期不良经历的普遍存在情况相似。我们还发现，不同国家在谈论这些问题上有不同的方式。他们谈论童年期不良经历的方式可能与我们不同，但他们有一套当地的叙事逻辑。所以，我们需要了解这种叙事逻辑，开放有关童年期不良经历的全球性对话。

丽莎 我认为，有趣的是，你谈论童年期不良经历时，我听得出来你的确非常了解有关童年期不良经历的流行病学研究。很多帮助减少儿童童年期不良经历的评论往往将童年期不良经历仅仅视为对个体的关注。

本杰明 当然，事实并非如此。童年期不良经历研究只能告诉我们儿童创伤在人群中的流行情况和其持久影响。它根本不是一个诊断工具，也不应该是一个预测个人未来的仪器。有些很棒的从业者——如纳丁 · 伯克 · 哈里斯（Nadine Burke Harris）和沃伦 · 拉金（Warren Larkin）——会利用对童年期不良经历的常规询问或个人讨论来帮助确认心理、生理健康问题的潜在原因。他们的工作以实证为基础，具有影响力，在改革和改善医疗卫生系统方面具有巨大潜力。

于我而言，这其中暗含着人权议题，即人们有权利知晓，通常潜藏在潜意识中的深度创伤可能会破坏决策的制定和个人的福祉。但我们目前还没有一个全球化、群体层面的解决方案。所以，我们只是用童年期不良经历研究来说明这是一个具有巨大影响的重大问题，仅此而已。这项研究是群体层面的流行病学研究，旨在为政策制定提供相关信息。

不过，童年期不良经历有时也会与传统的政治观点相冲突。我有这种感觉是因为我曾是受护儿童，在我看来，当活动人士讨论起我们这类人时，提及的是经济贫困和受人排斥等问题，绝口不提情感上的贫困。现在，我们正在开辟一条途径，呼吁人们讨论童年情感贫乏是造成不平等的主要因素，与经济贫困和受人排斥地位同等。我认为这非常重要，因为以往的诊断都不完整。

政治上存在这样一种必要，即认为贫穷与歧视是社会不公与生活贫困的两个根本原因。我知道这点，是因为当我发布有关童年期不良经历的内容时，一些左派的朋友常提出反对意见。他们认为，贫穷是世上一切邪恶的主要根源，而有关童年期不良经历的内容削弱了这一影响。我们明确表示，贫穷和歧视导致了不平等现象，但童年期不良经历也是一个主要因素，而直到最近我们才发现这一点。哈耶克（Hayek）[1]和马克思早就提出了，但童年期不良经历还是一个全新的理论！

我也并不觉得童年期不良经历就是全部，除此之外别无他因，我认为它只是七巧板的其中一块，与赫克曼

[1] 奥地利经济学家弗里德里希·哈耶克（Friedrich Hayek, 1899–1992），20世纪著名的经济学家和政治哲学家，诺贝尔经济学奖得主，他的思想对经济学和政治理论产生了广泛的影响。——译注

（Heckerman）[1]的研究、依恋理论、毒性压力、神经生物学等概念的地位相当，它只是一个重要而复杂的故事的一部分，这为我们提供了一个看待童年更加成熟的视角。

丽莎 我完全同意这一点，因为我们应该面对现实，这并不是什么高深莫测的理论；显而易见，我们所经历的事情会对我们产生影响。

最后，我想把重点放在你所说的情感贫困上。根据布鲁斯·佩里（Bruce Perry）的研究，我一直称之为关系贫困，其实它们是同一个概念。当然，还有爱！关系贫困、情感贫困、爱，都是一样的，对不对？那我们要怎么做，如何共同推动这一点向前发展？

本杰明 我认为我们仍处于试图找到一个能建立共识的框架的阶段。我们还没找到一种能让每个人都认同的方式来讨论这个问题，这是个挑战，但未来我们能做到这点，也会继续努力，这是正在发生的事。我认为讨论这些问题时机正好，世界正在觉醒，在社会层面、文化层面意识到心理健康、情感发展等问题，比如不安全感、依恋、焦虑。这些问题正在进入公众意识。我们需要做的是阐述一个令人信服的政策，辅以投资案例来说明其益处，以表明无论你的政治立场如何，解决这个问题对任何社会的民主、经济和社会发展都有着重要的推动作用。

[1] 经济学家詹姆斯·赫克曼（James Heckman），他认为高质量的幼儿发展对个人和整个社会的健康、经济和社会成果有巨大影响。——译注

感悟

我们对爱、关系和社区的看法最终形成了我们对儿童和青少年的看法，也塑造了我们在他们的生活中所扮演的角色。本杰明呼吁我们把书中所有对话都串联在一起。现在是时候更深入地思考，将更多当代对如今的儿童和青少年的回应融入其中。就是现在，当然，时机永远不晚。但如今正好有一个机会，我们可以抓住它，也可以放过。本杰明期望我们紧握住这个机会，并付诸实践……

讨论要点

你需要怎样的支持才能真正把儿童和青少年放在工作的中心？

你工作的地方在创伤知情或创伤响应这方面做得如何？

在提到情感贫困时，你最先想到的是什么？

结论

在本书接近尾声时，我不禁自问，这本书的内容是不是太多了，也好奇本书的议题是否太过广泛。我想知道，当读者和我一起在各个学科、学术领域、诗歌和意象间穿梭时，会不会觉得混乱。但接着我又觉得，与人类一起工作是混乱的，因为人类本来就是混乱的。有些人认为自己是教育者，因此他们从事教育工作；有些人认为自己是警察，所以他们处理犯罪；有些人在卫生部门工作，所以他们提供药物；有些人是社会工作者，因此他们致力于保护儿童免受伤害。这些想法让人们获得慰藉。事实上，在现实生活中，我们的生活在这些领域之间交织，如果我们不小心行事，那些需要帮助、指导和支持的儿童、青少年和他们的家庭将身处困境，不知道该选择哪个盒子才能获得帮助。

局限于某个领域或学科的舒适区给了我们一种安全感，因为它让复杂的东西变得简单，而我们也因此产生一种错觉，即自己理解了某些事情，但事实并非如此。它会阻碍我们培养拥抱、合作所需品质的脚步，让我们错过成长的机会。在布琳·布朗（Brené Brown）关于羞耻、脆弱和同理心的著作中，她深入探讨了那些阻止我们接触好奇心、谦逊与脆弱的“盔甲”。

在本书中，我与你分享的所有对话都贯穿改善儿童和青少年生活的主线。毫无疑问，你之所以阅读这本书，是因为你也有动力成为解决问题而非问题本身的一部分。

我呼吁大家创造出既适合我们现在的生活，也迎合未来生活的服务。我们所处的时代需要新型生存方式。在我撰写此书之际，全球正面临多重挑战，在卫生、教育和刑事司法领域中蕴藏的种族不平等问题终于不可避免地浮出了水面。这些问题背后的共同点是，我们需要通过团结合作、互相联结并共同努力创造解决方案。我们必须勇敢，必须保持脆弱，在适当时修正错误并诚恳道歉。我们可以将其视为激进的人性。无论是思考我们的服务、国家还是星球，现实是我们彼此需要，我们的孩子和青少年比以往任何时候都更需要我们去“做点什么”。我们需要调和工作所带来的影响，与我们所做的、我们所经历过的以及我们现在所处的位置相结合。我们需要以谦逊和安全的方式来做这些事情；我能感觉到，你在内心深处对此有着真挚的体会。

关注依恋、关注逆境且了解创伤的社区知道，我们每个人都有阴影，这是我们的一部分，彼此相互依存；我们所处的社区、环境和祖先同样如此。我们站在这里，并非独自一人，而是站在前人曾经踏足过的位置。我们明白独立并不意味着自由，而是青少年时期的一种渴望。为了完成我们的任务，集体成长至关重要，我们应认识到我们所有人拥有天赋和潜力，并愿意相互合作。文化谦卑是实践的核心；它是对自身特权和先入之见的持续反思、学习和挑战。只有这样，我们才能创造安全感，同时挑战制度性和结构性的种族主义。

我呼唤变革的到来；对自我、对服务、对政策、对一切的变革。我们必须感受到阻力在哪里，看到阴影，向前迈进，同时永远不要忘记，各个体系中满是不可思议的人，他们做着不可思议的事情，带来不可思议的改变。

与布奇·奈特史密斯的附加对话

在这个附加章节，我将分享一段与布奇·奈特史密斯的对话记录，这次对话收录在她的播客“布奇聚思”（Pooky Ponders）中。她问了我一个问题：“在工作中，我们应该投入多少自我？”这次对话内容非常丰富，因为我成了受访对象，我想你应该会喜欢的……

布奇　今天的播客主题和在工作中投入的自我有关，在上期播客中，我们已经断断续续聊过一点相关内容。不过我想这确实是个很大且很棘手的话题。不知道你会开启怎样的对话，想分享多少关于这个话题的个人经历？

丽莎　是的，这的确是个很大、很棘手的问题，我想我可能会从这儿开始——把全部的自我带入工作，不管有意或无意。我想关键在于，之所以问出这个问题，是因为你带着一种可以将自己与工作分离的想法，但实际上，我更倾向于认为，无论你在这段“旅程”中身处哪个阶段，无论你是否意识到这一点，你都要全身心地投入工作。

所以对我而言，更重要的问题是，如何培养一种知道“我是谁”的意识，如何了解自己是谁，这样才能把最好的自己带入工作中。

布奇 好的，这真的很有趣。你觉得在这个情境中，我们个人的哪些特点与此息息相关？我之所以关注这个领域，是因为对影响我们所照顾对象的精神健康问题和他们遭受的其他困境有一些想法。然而，根据你的看法，我们的任一方面都有可能与之相关，对吗？那么，在这种情况下，哪些特点是最关键的呢？

丽莎 说起我自己在社会和教育环境中的工作经验，作为一个照护过别人的人——当然不仅是照护，还有一整套与之相关的工作经验——我在专业环境中总觉得很羞愧。所以，在你面前，我可以安心地展示这种脆弱，但有些时候我并不想承认自己的脆弱，在那些时候，我就不想让这份脆弱展示于人前。

不过，在那些地方工作时，我非常清楚，自己也曾无家可归。我清楚自己曾参加过戒酒会、住过救助站和寄养家庭。我也深知讨论这些事情很可能不会产生令人满意的对话。我所说的令人不满意，是指当我提到那些事的时候，与另一人的对话让我觉得非常不自在，好像我身为一个专业人士，竟然也经历过那些事情，是件奇怪或不寻常的事。

我觉得这件事情处理得不太好，结果就是让我变得沉默。我们在我的播客中讨论过，这种沉默的问题在于，你难以在工作场合正视那些你投入的自我。这就像一把双刃剑；你不能完全在工作中投入自我，因为你并不是独自工作，还有其他人和你一起。因此你会觉得自己的底线被触碰，面临大量的挑战。你可以投入你的全部自我，但没有明确表现出来，至少对我来说，我认为那时候我并没有意识到这些。我不希望其他人知道这些，如果这讲得通的话。我没有意识到它的影响，也没有意识到我在这段特殊的恢复旅程中所处的位置。我只意识到这种感觉并不安全，因此我只是将它压抑下来，避免去处理它。

布奇 哇哦。所以说你可能会受到启发去做很多自己选择的事，而这些事因为你自身的经历又并不那么容易完成，但你还不想分享它们，是这样吗？

丽莎 我想说是的……我觉得我的整个职业生涯从我出生在母婴护理间的那一刻就开始了。我感到非常感激、非常幸运，因为这些经历为我创造了由自己的热爱支持的道路。很难确定是什么让我决定做当下的事，但那些个人经历无疑给我提供了一些职业上的设想。

如果你从没做过那个跟在社工身边的孩子，你又怎么会有"我想当个社工"的想法呢？你会因为某些原因以某种方式接触到不同类型的工作，这也是教育充满不公平的原因之一，不过那又是另一个故事了。但是，有些事情我接触过，它们让我知道我想要去做这些事情，并带着那令人惊叹的年轻人的傲慢："我将进入这个系统，从内部而不是从外部来与它抗争"，这是我们年轻时的感觉。现在，我成长了。

布奇 也就是说你不再那么觉得了吗？

丽莎 我想是有了一种不一样的动力。当然，我仍想做点什么有意义的事。这是支撑我每天起床的信念。毫无疑问。但是，是不是还是那种"我不能从外部抗争，所以我要从内部抗争"的驱动力呢？并非如此。首先，我不认为自己在战斗。

我的动力不一样了。这可能只是一种我自己的看法。其他人仍可能将我所做的视为斗争，但我并不觉得是这样。当然，最关键的动力仍然是要让事情变得更好。

布奇 所以，在谈到你的经验以及这如何影响了你所选择的道路时，看起来与你的经验有关的过去并非全是美好的，你希望其他有着类似经历的人的情况会有所不同。还是说，你过去有过一些非常棒的经验，你希望能够复刻这些经验？

丽莎 不，正因为身处这个系统之中，所以我从很小的时候就明白，这些系统本身并不能很好地帮助我们从创伤中恢复，往往还会加重创伤。这是我很早就意识到的事情，大概是在我16岁的时候。这个想法让我感觉非常不好。我感觉……我意识到，有些人尽管身处这种体系中，仍然能做得非常出色。这实在很困难，不是吗，因为当你开始谈论这个系统时，几乎会忘记系统中还有人。我猜这总是一个平衡的过程，有时，我认为，系统的力量比其中的人更强大。是的。

布奇 你有没有因为有人把自己的经历带入他们的工作而感动过？

丽莎 哈哈，这是个好问题，没有。

布奇 没有吗？

丽莎 对，没有过。我认为社会工作是非常注重区分个人和专业的，过去是，现在依然是，这种观念认为你在工作中不能来带个人情感。而且，也没有一个合适的结构和框架来指导你如何在工作中安全地融入个人因素。

布奇 是的。

丽莎 我没遇到过像我一样的人，但我很清楚，肯定有和我一样的人，而且他们也找不到和自己相似的同伴，但我还是没遇到过和我一样的人，确实从没见过。

布奇 很有意思，不是吗？你会觉得有点孤单吗？

丽莎 我认为我的整个经历充满了孤独感。还是那句老话，我觉得这得归咎于这个系统，实际上，我这周在与照护联盟协会（Care Leagues Association）和教育部门合作的一个项目中就谈到了这个问题，这个项目主要关注的是怎样为年轻人创造机会，让他们建立起持久的、长期的、积极的人际关系，不被孤独长期笼罩。

现在有了社交媒体，我感觉情况要好一些，但在我从那个系统中走出来后，甚至在之后的许多年里，我都不知道有和我一样的人。

布奇 嗯。

丽莎 每当想到这一点时，这种四处探寻最后发现只有自己的感觉其实给了我很多力量。

布奇 是的。

丽莎 即使是后来去上大学，我记得当时统计的数据显示，受护儿童出身的人，只有1%最终上了大学。这个数据并没有让我感到融入其中，反而让我更加孤独。当我在大学里谈论自己的受护经历时，没有人真正了解我在说什么。而且我认为这种状况现在也并没有发生多大的改变。除非你经常与有着不同生活经历的人交流，否则你很难了解和理解那种经历。

我认为那种经历中最具特点的元素就是与原生家庭的分离，无论出于什么原因，无论是因为必须分离还是因为被抛弃，无论用什么专业术语描述它，这种经历中有一些东西会非常明确地影响到关于你的自我价值、价值观、你的重要性和你是否值得被爱等一系列概念，我们会带着这些走向成年。而它们需要很长时间才能被释怀。

布奇 这确实是一个很大的挑战，不是吗？这对我来说是一个棘手的问题。我有个女儿是领养的，她最近在学校遇到了些情况。她刚去一所新学校，有一天，她所有的朋友突然知道了她是被收养的，她之前从没提起过这件事。我作为她的妈妈，真的很难处理，不是因为那一天她的困扰，而是因为类似的事发生时她总是很不容易，所有的朋友一窝蜂涌到她面前问这问那。

真正让我感到难过的是，当我对她说："你介意你的朋友知道吗？你不希望他们知道吗？"她回答说："我不希望他们知道我是被领养的。"这让我心碎，因为我不知道……这引发了很多问题，我想这个话题也会让你想到自己，对吗？这让我思考，我哪些地方没有做好，以至于她会认为这是不希望别人知道的事情，也不以此为荣。你明白我的意思吗？是的，这确实很具挑战性。

丽莎 那确实是个挑战，我认为这也告诉我们应该对人抱着多大的好奇心，因为每个人看待这些事件的态度和角度都会完全不同。当然，我觉得挑战在于，在讨论政策时，我们总是急切地试图以某种方式把人们看作同质化的群体。而实际上，这毫无帮助，因为人人都是不同的。事实上，对这些经历的好奇心是理解深度的源泉。当然，要保持这种好奇心，就必须有一种关系存在。这种关系存在于各个系统之中确实比处在家庭环境之中更具挑战性，在家庭之中保持好奇心要容易得多。

布奇 是的。我想确实如此。在你这个工作领域，你认为有类似经历会让你更擅长这份工作吗？你觉得有什么因素会妨碍这一点呢？

丽莎 我觉得，还是一样，这事儿好坏参半。这也可能有所阻碍。有几个具体的例子，我已经有大概10年没做过一线工作了，但我还记得一件有趣的事，我在几年前写的书《星星的亮度》（*The Brightness of Stars*）里提到过这件事。我记得那个场面，把一个孩子从某处送往别处，他所有的东西都放在垃圾袋里，放在我的后备箱。我本应该去处理为什么这孩子的东西都在垃圾袋里的问题，但这实际上激发了我内心的某些情绪，我到现在还清楚地记得，那时候我眼里满是泪水，对自己说，我再也不会让这种事情发生在我身上了。

布奇 哇！

丽莎 我认为这就是阻碍所在的平衡点。我无法以我想要的方式去关注当下，而且实际上，也没有讨论这个问题的空间和平台。这就是我们在讨论“我们要往工作中投注多少自我”“这是好事还是坏事”这两个问题时面临的真正难点，这是否意味着我会有一个不同的视角来看世界？毫无疑问，类似的经历一定是决定性的。大家谈道“决定性的经历”时，提到的事情对我来说常常没什么意义，和丈夫的相识、21岁的生日派对，这些事对我来说都不重要。在我心中，受护经历和那之后的相关经历才是我生命中的“决定性的经历”，还是“很有分量”的经历，让我可以释怀地、开放地谈论这个话题。

这并不是说它比其他经历更能定义我，从专业角度来说，它不是最能定义我的经历，但就个人而言，它是我最重要的经历。

布奇 即使现在已经过去了那么久，那些经历在你生活中所占的比例也变得更小，你还觉得它对你有影响吗？它给你带来了怎样的影响？或者换句话说，有没有带来什么持续的重大影响？

丽莎　我有几个孩子，他们现在都成年了。你呢？有孩子之后，你每年看着他们长大，他们会让你想到很多过往，对吧？

布奇　是的。

丽莎　从创伤经历中复原的经历也可以被看作是一个“博客节目”。一个人的育儿方式很大程度上会受到自己童年经历的影响，无论是“我会做与我所经历的相反的事情”，还是“我会重复我所经历的事情”，或者是“我不知道我会做什么，因为我只是假装我没经历过什么”。当你有了孩子，孩子们逐年成长，像一面镜子，反映出你曾经的自己、你曾经拥有的感情以及你遵循或摈弃的传统。我觉得整个育儿领域对这个问题的讨论并不够。那么，现在它是否具有决定性呢？只是不太一样罢了，因为我非常清楚，我所做的一切都是出于爱与好意，而这些在我成年的孩子身上已经有所体现。你能明白我的意思吗？

这样的经历并不全是厄运和灾难，它带来的影响也并不全是负面的。其中也有一些很棒的东西，我也非常清楚它们来自何处。

布奇　我想那很难，对吗？我是说，那些打破现状或者做出改变的尝试，无论何时何地都是困难的。显然，更宏观来看，你正试图解决一个系统中的问题，这个系统可能不如你所期望的那样运作，也没有为曾经还是孩童的你提供足够的支持。不过，同样的是，在你的家庭之中，你也是在一个更宏观的层面上努力实现这种转变。我不太清楚（具体情况），但我相信你在这两方面都投入了同样多的精力。

丽莎　是的，我想是的。当然，其中一个比另一个难得多。

布奇　是这样。

丽莎　养孩子真的很难，说不难的人，一定有着我不曾有过的大量支持、知识储备，也比我有智慧得多，这是肯定的，因为养孩子真的非常非常难。

布奇 感觉风险相当大，不是吗？我想对我来说，这永远是个挑战。这听起来可能有些天真，我想我在有孩子之前并未真正体验过如此深度的爱。我从未体验过那种对别人极度关心的爱。突然间，这个生命来到你身边，就好像一旦精灵逃出瓶子，就无法再放回去了，像不像？他们是那么重要，你所做的每一件事都格外重要。他们的痛苦就是你的痛苦，而且，我不知道，我很多时候都感觉自己做得还不够好。

丽莎 是的。我总说我的孩子教会了我如何去爱。我仍然经常觉得自己做得不够好。好像从怀孕的那一刻起，你就被其附带的父母角色所裹挟，有了各种禁忌……你懂的，不能吃奶酪、不能吃布里干酪、不能抽烟、不能喝太多咖啡。突然间有那么多事情，如果你做错了，就可能在某种程度上对孩子造成伤害，这真让人害怕。你最不想做的就是伤到孩子。不过，布奇，我们现在的话题似乎太深入了一点，让人觉得很私密、脆弱……

布奇 是有一点，很抱歉，你提醒我了。

丽莎 你问得太深了，触及我内心深处最核心的地方。

布奇 和自闭症患者[1]聊天就是会这样，我们不会简单闲聊，而是会深入你的问题。和我说些其他有趣的事儿吧。前几天他们因为这事儿批评了我，那时我们说起来，我之前遇到难关有自杀倾向的时候，他们是怎么帮助我的。说了三分钟，我们就开始往深里聊了。唉，对不起，真是抱歉。你

[1] 布奇·奈特史密斯是一名自闭症患者。——译注

是否为自己之前、现在所做的事情而自豪？你是否认为童年时的自己会看向你，说：“所以，丽莎，你有所作为了吗？”

丽莎 是的。不过即使你说了那些话，我还是觉得很感动。我发现这是一个很难去思考、说出并接受的事情。我是说，我们很多人并不真正了解自己有多棒。我认为我们都比自己想象的要更出色，所以我经常告诉自己，你很棒。我知道，在我所做的工作中，我受到了很高的评价，这真是太好了。但是我每天早晨起床的时候，会想：“哇，你很棒吗？你正有所影响吗？”当然，并不总会如此。有时候我会觉得“哇，那真的很了不起”，但我确实需要听到别人的回应。

前几天，我和安迪·布赖尔利进行了一次很棒的对话，他很了不起，不仅有着丰富的照护经验，还有刑事司法经验，并在刑事司法领域工作。我们聊了会儿……我不知道你知不知道——虽说说出来我真的感觉有些别扭，我准备10月份去攻读博士学位。

布奇 我不知道这件事，那也太棒了。

丽莎 你不知道吗？哈哈，我应该了解的，因为我一直在说这件事，正在努力适应这个角色。我在试着体验那种感觉，所以走到哪里说到哪里，可能别人会觉得我很烦人，但我想可能是因为我并不觉得自己真的会去。因为我要去牛津念书。

布奇 噢！

丽莎 是的，所以我一直在说这件事，希望从各个方面，无论是身体上、情感上还是精神层面，我都能以某种方式与这个目标保持一致。虽然我现在还没有完全做到这一点，但现在才7月，所以还好。我跟安迪开玩笑说："他们并不是看中我的学术能力，（他们想要的）不是我能做的。"他很理解我的想法，接着说："是的，但是是他们邀请你去申请的。"

布奇 哇！

丽莎 他说："无论你能提供什么，他们都会想要的，为什么你不能只拥有学术能力呢？"我想，是啊，为什么我不能只拥有这个能力呢？

布奇 为什么你不能只拥有这个能力呢？

丽莎 对呀，为什么呢？哦，天呐。

布奇 请继续。

丽莎 我知道答案。所以我觉得情况一直都是那样。每一件我要做的事情都让我感到惊讶不已。我想知道，如果有一天我不再觉得心怀感激、不再为之而惊讶，停止感受所有这些，那也许就是我该停下来的时候。但就目前来看，即使我已经50岁，我仍然对人们愿意听我说话且我能带来价值而感到感激和惊奇。

布奇 听你说话真的很有趣，因为我觉得有点像在听我自己说话。是的，我非常能理解你，但听你这么说，又觉得很奇怪，因为我们聊的时间不长，而我一直在关注你的工作，心里想着"天呐，丽莎太棒了，丽莎太棒了"，为了不起的你而倾倒，以至于我都不记得我们是怎么开始谈论这个话题的了。我脑子里都是"丽莎在跟我说话"。是的，显然我对你的看法和你对自己的解读可能有些不同，我猜。

丽莎 我们所有人不都是这样吗？嗯，其实不是。比如唐纳德·特朗普就不是，他觉得他自己非常棒。所以，真的有些人早晨起来就觉得，"我太棒了"。但是，当你说出这样的话时，我觉得非常有趣……我们之间的氛围有点像粉丝和偶像了，不过，我也会看你的产出。我自认为我的产出还不错。我每天都在努力，我已经单干10年了，每天我都在创作一些东西，做一些东西，写一些东西，尽量满足人们的需求。但是你的产出简直是我的三倍。我想："哦天呐，你是怎么做到的？"我想象你在清晨5点就起床，然后说："……项目完成，叮。"接着又是："哦，我刚刚读了一本书，只用14分钟就读完了。"

所以，我们必须对呈现于人前的外表格外谨慎，不是吗？我真的希望我能尽量做到表里如一。比如说，隔离在家的时候，我每天都在想："好吧，我打算进行一场为期21天的自我照护。"即使我个人觉得，"自我照护"这个词比较复杂。在那些我并不想这么做的日子里，我又会心想："我不想做这个，今天不想，我还没弄明白发生了什么，一切都是那么的不确定。"

布奇 是的。

丽莎 我想这么做是因为我想让人们看到，我们并不是每天都活得非常充实，也没有每天都过得很完美。我想我的内心和外表有一些共鸣，而不仅仅让人用他们的内心来和我的外表相比较。我想，是的，我们有责任展现自己，成为我们想成为的人，对我们传递出去的信息负责。但我也认为，我们应该以怜悯的心态做这些事情，以诚实和正直的态度做这些事情——我知道你就是这么做的，并且展示出我们在与人"连接"的过程中挣扎的那一面。人与人之间的"连接"要求我们不要刻意炫耀自己的完美，不要塑造出一种无所不能的形象，因为我们并不是什么了不起的人。我只是个幸运的人，能够每天做自己热爱的事情，并且为此获得报酬。仅此而已。

布奇 是的，这么想真的很酷。你现在还像以前那样热爱它（你的工作）吗？

丽莎 每天都。

布奇 真的吗？

丽莎 每天都是。不，其实这不完全准确。我想有些时候会感到非常厌烦，比如我在去年年底时就感到很烦躁，因为我觉得一切都变得非常刻板，人们只是谈论着与依恋相关的创伤，说着自己做过与创伤相关的事，做过与依恋相关的事，有过这个，有过那个。我就会想："不不不，你搞错了，这不是你做的'一件事情'。这不是什么文件夹。"

布奇 对。

丽莎 我不想成为那些人其中的一部分。我希望和其他人一起做一些走出他们和我的舒适圈的事情。我希望我们能团结起来，改变我们的想法。我希望我们能在舒适圈之外找到安全感，以便我们能够谈论真正困难的事情。我不希望大家草草地翻过一些幻灯片就回家，说着："哦，那真棒。那真好。"然后第二天回来，一切都没有改变。我希望人们回家后能去感受生活并深入思考，能有"天呐，我们刚谈论那个问题，我就遇到了它""噢，我发现我对那个问题真的很偏执""我在想那件事时，身体里有种很有趣的感觉"这样的想法。这就是我想要参与其中的事情。

所以，是的，我真的很有激情。我确实每天都深感热爱这个职业，但有时候，我会不小心陷入我作为自由职业者有能力挑战的系统中，成为它们的一部分。

布奇 对，我认为这整件事情有趣的一部分就是，我们如何选择就业，这涉及我们能够在工作中体现多少自我。因为归根结底，你是丽莎·彻丽，你被丽莎·彻丽雇用，你可以是你决定的任何人，没有人会对此有任何意见，因为就没有人在你之上，对吧？我猜是的，这可能会影响你能得到以及不能得到的工作有多少、你最终会与哪种人一起工作，但永远不会有人坐下来告诉你："嘿，这样不行。"

你有没有遇到过这样的情况——雇主说，"说实话，你在工作的时候需要有所改变"？

丽莎 哦，我的天呐，我整个工作生涯都是如此。

布奇 这就是你现在单干的原因吗？

丽莎 是的，我是说，不要误会我。我可以在某种程度上服从团队意见。但我觉得，被雇用最具限制性的一点是，没法充分运用创造力。可正是创新能力给了我最大的乐趣。我可以随心所欲地去做我喜欢的事，创造我喜欢的东西；也可以看到某件事的空缺之处，填入一些东西。除非有人想和丽莎·彻丽合作，否则谁也不能让我和其他人一起共事，谁都不行。有人对我说……我对他们说过："看，我可能会说一些非常具有挑战性的事情。"他们回答道："那就是你在这里要做的。那就是我们请你来的原因。你想说什么就说什么。"对于我想做的事，我经常拥有完全的自由。实际上，我并不是一个总是挑战他人的人，但我想人们眼中的我并没有那些阻碍我做自己、展现真实自我和信念的束缚。

布奇 你有没有过这样的经历，需要根据工作的委托方或未来的委托方来调整自己的行为？比如说，你刚提到你在和某个部门合作一个护理领导项目。委托人是否会对你的工作产生影响？他们委托你的时候，你会展现真实的自我吗？

丽莎 会的。依据不同的听众，我会多谈不同的事情。比如说，如果听众大多都是与教育相关的，我就会讲很多教育的事情。如果听众大多从事社会工作，我就会讲很多社会工作的事情。在做护理领导协会的项目时，我会适当地把个人经历更多地融入其中。这就是我所拥有的自由。我想，如果我需要进行学术研究，我可以引入并借鉴所有这些领域的东西。我觉得这和我们最初开始讨论的内容——关于受雇用和表达自己观点的限度——都关系紧密。

布奇 是的。

丽莎 如果什么事情需要调整的话，我是绝对不会带入个人经历的。只有在我觉得安全，没什么需要调整的东西时，我才会融入我个人的东西。

布奇 明白。

丽莎 我们之前聊了聊过去和当下的生活经历，谈得很投机，讨论过程中，我们也提到了这一点。它们二者截然不同，所处地位也不一致。

布奇 这正是我目前所挣扎的一件事——如何真实面对目前的种种问题，因为我觉得我周围越来越多的模范人物都是那些过去经历很丰富的人，他们非常真诚地谈论过去，并以一种脆弱的方式汲取经验，我觉得这真的非常鼓舞人心。

在我身边，仍在处理自身问题的人却很少。所以，今天我和我的心理医生聊了聊，因为我遇到了点困难，我吃不下东西。我太焦虑，这就是我的问题。实际上，能诚实面对那些挣扎并公开讨论这些对我而言非常重要，因为我知道，还有许多与我经历相似的人，他们会看着我说："哇，她成功了。"但我也需要让他们知道，我有时做得并不好。那接下来呢，该怎么办？你明白我的意思吗？

但同时，另一部分的我在想："这样看起来是不是很糟糕？

人们会不会评判我？”

丽莎 这说起来就有点混乱了。首先，人们总是会去评判别人。在我20岁出头的时候，有人对我说过一句话：“别人怎么看你，根本不关你的事。”这话我非常受用。

布奇 是的。

丽莎 因为你无法阻止别人对你的看法。

布奇 对。

丽莎 你也不该去阻止。你只需要过好自己的生活就行了，无比美好的、只属于布奇的生活。我经常会在培训活动中说这样的话，因为很多人会来找我说“不是针对你，但我得在几点几点离开”。我总回道：“我不会往心里去的。”你只需要做好自己，过好自己的生活。如果你需要下午2点半去接孩子，那就去接吧。我不会看着他想“是不是因为我说了什么话还是我做了什么事，他才要走”。所以我觉得，首先，无论你多么优秀，总会有人去评判你，我们需要理解这一点。

其次，我想，从你所做的工作来看，保持这种开放性是很好的，同时也要照顾好自己，因为坦诚地谈论生活经历的问题在于很多人都会对你应该如何去做这件事有意见。当然，这真的很困难，因为你正在努力与你周围的团队一起工作，你并不需要……从某种程度上说，你也没有邀请别人给你一些能帮到你的建议。你所表达的是“嘿，我也是人，我现在很挣扎。这些事情发生在我们身上没关系的”，而不是“嘿，我正在挣扎，我真希望我推特上的30000个关注者能给我一些建议，这样我就能知道怎么做”。

布奇 也许我们大家都在经历一种情感层面的……我想说，这不是坏事。我——

丽莎 我喜欢这种众筹式的情感支持，真的很喜欢。

布奇 不过我还是觉得，当我们坦诚并真诚地展现自我时，我们可以改变人们的感觉，这可能会改变我们的行为，对吧？

所以，我想，正如你所说，我们并不需要把生活中的经历带到工作中。你有很多其他的地方可以分享这些经历，这是没有必要的，但实际上，有时当你这么做时，你的工作可能会更具影响力。这就是问题所在，就像今天早上，我考虑了很久要不要发推特说我已经和精神科医生聊过了。而实际上，我做这件事的主要动机是为了对自己负责。

当我感觉自己即将失控的时候，有时，我需要坦诚承认："当下确实是棘手的时候。实际上，一切都会好的，但更有可能……"就像在家里一样，如果我对家人说，"我现在觉得吃饭有点困难"，相比起默默忍受，我更有可能挺过这一关。但对我来说，最主要的动力实际上是，有很多精神科医生在推特上关注我，我需要让他们知道，我的精神科医生今天做得很好，之所以如此是因为她愿意倾听、有人情味，因为她富有同情心又实事求是，我需要我的生活中的人知道这些品质很重要。因为我曾经遇到过一些非常糟糕的精神科医生，他们能做得好的话……

也就是说，我和她谈过一次话了，我非常有信心，过几个星期，一切都会好的，一切都会过去。如果没有那次对话，或者她没有以那种方式处理，可能三个月后我就会再次住院。这真的很重要。

丽莎 是的，所以你是在给大家做示范，对吗？

布奇 我不知道，是这样吗？

丽莎 是的，我觉得是这样。我认为你正在示范和精神科医生之间建立的良好关系，也在告诉大家，分享会有所帮助。所以说，你其实有一个观众群，得到了你非常认真的对待，你知道自己正在被人关注，知道人们正在从你身上寻找如何面对生活中的所有复杂情况与挑战，有来自内部的，也有来自外部的。我觉得这是使用社交平台最负责的方式。

布奇 确实，如果我们有不同的观点，那完全没有问题。这也是我一直倡导的，我们欢迎无恶意的挑战和辩论。我也希望有一本手册或指南能告诉我们该怎么做，你不也这么想吗？

丽莎 生活这个概念以及怎样生活的观点很有趣。我20岁的时候参加过一个戒酒会，从那以后就没有再喝过酒。在戒酒会中，他们谈到，这就像是生活的规则书。实际上，我真的觉得自己找到了生活的规则书，因为在此之前我对怎样好好生活没有任何理解或认识。

布奇 嗯哼（表示同意）。

丽莎 说到这里，我仍然不能完全理解怎样生活。30岁出头的时候，我独自抚养两个小孩，感到非常茫然，不知道别人是如何应对这种情况的。实际上，我并没有意识到，大多数人不会在没有家人的情况下独自抚养两个孩子，同时还要全职工作、处理各种事务。我想，我真的因为没能做到这一切而对自己很苛刻，因为那时我还没有在书中读到关于系统、人与人之间的联系、社区以及如何应对这些事情的内容。

布奇 明白。

丽莎 这确实对我和我的孩子产生了很大影响，但是我在这方面变得越来越好了。是的，我确实变得越来越好了。

布奇 是什么帮助了你？

丽莎 确切地说，成为一名自由职业者确实有所帮助，因为这意味着我可以更自由地掌控我的时间，进而认识到那些可以组成一个“支撑网络”的人。而全职工作的时候你往往没有足够的时间去建立和维护社区关系，求助社区的帮助会非常困难。因此，成为自由职业者之后，我有了更多的机会来获取社区的支持。

另外，成为自由职业者也带领我开始了一段意义非凡的个人成长之旅。这段经历不仅加深了我之前所做过的所有工作的体验，而且给我带来了更深层次的感悟。因为在为自己工作时，你不会有任何支援或后盾，即你所有的决策和结果都只能由你自己来负责，因此这个过程会更加深入。

布奇 是的。

丽莎 责任最终还是要由你承担。当你第一次意识到没有人力资源部门，没有一个专门的部门来应对那些对你不太友好的人，没有一个可以在你没收到报酬时帮你争取权益的部门，甚至没有一个财务部门时，你会感到非常无助。因此，你不得不开始一段深入的自我成长和提升的旅程，可以说，这真的是一个很好的基础。

布奇 是的，我认为你必须成为自己最大的支持者，无论你对自己和工作的看法如何。当你成为自雇者时，你确实需要做到这一点。我认为，你开始选择自己的工作，而不是单纯地认为所有摆在你面前的工作都必须完成，这是个很大的进步。这确实是一段相当深刻的旅程，不是吗？我确实也这么认为。现在你已经迈向了下一个阶段，攻读博士学位。跟我聊聊你的博士学位吧。

丽莎 嗯，其实没什么可以聊的，因为我还没开始，还在试着适应这个角色。不过，我将在教育系的里斯中心读博，我会继续我硕士研究的内容，探讨被学校开除和受监护状态之间的交叉问题。

布奇 哇！

丽莎 这个问题影响人的一生，是我在硕士阶段的研究成果。这项研究的影响独特，因为没有其他研究是从对一生的影响这个视角来看待这个特定交叉点的。我对他们身上会发生什么非常感兴趣，也对这些孩子会成长为怎样的成年人很感兴趣。所以我的博士论文会写这部分内容。我会去威尔逊学院，这让我非常兴奋，因为他们做了很多有关人生经历写作方面的事情。

布奇 哦，哦。

丽莎 哦，我的天，说到观察其他人，我看了那里（威尔逊学院）一些人的传记，心想“天呐，我要和这些人聊天了”。他们真的都是读书很多、旅行经验丰富的人。我对此深感谦卑。我知道我将带去什么，我并不会贬低自己，但我也知道，自己将和一些非常出色的人共事。

布奇 他们会和你一起出去玩的。

丽莎 那太好了，我非常愿意向他们学习。

布奇 是的。我觉得这很重要。我想你会发现——有可能我说的不对，但我经常发现自己在这种情况下会觉得：“我怎么会在这个房间里？”你会被人群包围，如果你能在那儿展现自我，就一定能找到人与人之间的联结。

丽莎 是的。我对此一点也不感到恐慌。我不确定十年前我是否会这样。所以我认为这对我来说正是时候。

布奇 对。

丽莎 我想我很清楚我会带去什么。

布奇 嗯，你为什么这么做呢？

丽莎 这是一个好问题，层次很复杂，要是说我觉得成为丽莎·彻丽博士不好，那确实是在说谎。所以，是的，我觉得成为博士是件很好的事。

布奇 嗯。

丽莎 我为什么要这么做？因为这是一项非常重要的研究课题，我希望它能激励那些认为牛津大学不适合他们的人，就是这样。所以，这个问题的答案涉及上述三点。

布奇 哇。我很想知道你对牛津的看法，因为我本科是在牛津读的。他们时不时会请我参与他们的宣传活动，因为我出身寒门，最后考入牛津。如果我能回到过去，我会告诉自己："去吉尔福德（Guildford），那才是你真正想去的地方。你会融入其中，那会是很好的经历。"

当然，我不会改变我的选择，因为我在牛津遇到了我丈夫，职业生涯也有了很好的起点，但我在那里深感不适。我相信你不会这么觉得。你是一个成熟的成年人，你履历丰富，但作为一个19岁，没有钱，没有背景的人，我想说，那是一个独特的地方。

丽莎 是的，向你致敬。我之前曾和一些背景与主流不同的牛津学生交流过，他们都没说过喜欢牛津这样的话。

布奇 真的吗？

丽莎 确实。他们的年龄也不尽相同。我认为这就是我想说的。50岁了，不再需要（学位）来扩展自己的职业，只是出于自身兴趣去学习，这意味着我可以无所畏惧地面对那些我不屑的事情。

布奇 对。

丽莎 这将是一段非常不同的经历，我觉得你很了不起，19岁，背负着贫穷的重担和羞耻来度过这段经历，这真是了不起。而我在19岁的时候甚至连牛津的门都摸不着，可能还醉醺醺地躺在草地上睡觉呢。

布奇 几年前我有段有趣的经历，我被邀请去教课……那是一所学校，就在牛津大学旁边。我去那里给他们的工作人员教课，很奇怪，因为虽然我曾回到牛津，但我却没有让自己完全沉浸在那里。当我沿着曾经走过的那些地方走下去时，我并没有将自己最好的一面展现出来，因为我的过去在心头回荡。这真是个挑战……但这就是事情的结局。我做到了。我不会改变过去。我真的很高兴遇到了我的丈夫，经历了那些事情。但是，那的确很艰难。

上大学是我能看到的继续前进的唯一途径。在间隔年（Gap Year）里，我找了份工作，在一家主题公园里当A级主管，做了几个月后，我才意识到自己真正在干什么，就像《楚门的世界》（*The Truman Show*）。每一天都是一样的，每天的目标就是结束这一天，把所有的事情都恢复到原点，第二天又重新开始。上一任在我这个岗位的人，他工作了30年。我突然意识到，我将来30年都会继续做这份工作，除非我去上大学，离开这个城市开始新的生活。我确实去上了大学，再也没有回去。我选这条路的原因就是如此，不是别的，我只是需要一条出路，我想它提供了这样一条路。

丽莎 对，我本科是在金史密斯（Goldsmiths）读的，因为它给我一种很质朴的感觉。

布奇 我喜欢。

丽莎 所以说，我们选择这些地方的原因真的很有趣，对不对。

布奇 或者说是他们选择我们的原因。你看，我最后去了牛津……我希望我的孩子们能做出比我更好的人生选择。说实话，我申请大学时是抛硬币决定的，申请牛津只是因为好奇自己是不是能被录取。我觉得他们肯定不会录我，但我也很想知道自己是不是可以进去，当时我最好的朋友也在申请牛津，我知道她肯定能成，因为她是我见过最聪明的人。我觉得自己肯定不行，只是想知道那个答案，你能理解吗？但最后结果就是，我做到了，所以说……紧接着，人们就会有所期待，对不对？大家会默认说："你要是被牛津录取了，当然要去啊，你肯定会去的。"

丽莎 当然。

布奇 你喜欢金史密斯吗？

丽莎 喜欢。我确实很喜欢它。说实话，我热爱教育，热爱金史密斯。在那之前每一所我读过的学校都会把我开除，我当然会爱上金史密斯。我喜欢我选的课、我计划的学习模块。我在那儿读书时付出了很多努力。我住在巴特西公园（Battersea Park Road）附近的一个公寓，半工半读。我读大学时已经21岁了，在这方面浪费了3年时间。我完全无法跟那些18岁的孩子打交道。我能感觉到他们的特权，不仅仅是经济上的特权，还有人际关系上的特权，18岁就能上大学的特权，讨论如何因为父母的原因而来到这里的特权，而我却在想，"感谢老天，我竟然能上大学"，我以为他们不会要我。

我热爱我的大学。那段时间，我也慢慢清醒，开始了我的个人发展之旅，那段时间简直不可思议。我刚20出头，其他人还靠在学生会的墙上无所事事，而我在读露易丝·海（Louise Hay）[1]的作品和妇女精神病学相关的书。那段经历让我受益匪浅。

---

[1] 露易丝·海（Louise Hay, 1926–2017），美国知名心理治疗专家、作家、演讲家，作品有《生命的重建》《女人的重建》等。——译注

布奇　我眼前好像出现了那一幕，真是令人惊讶。

丽莎　是的，这太棒了，我真正希望的是，我的下一段经历，也就是10月份即将开始的这段经历，是充实、刺激又具有挑战性的。我想接受挑战，我喜欢挑战。

布奇　你要读多久?

丽莎　3年。

布奇　是全日制的吗?

丽莎　嗯，是的。当然是全日制，但我确实需要工作。

布奇　我读博士的时候，我发现自己比其他人更有效率，因为我有一份全职工作，还有两个孩子，所以我必须把时间安排得当。最后我成功做到了。你也是如此。我们只能继续前行，做好每一件事，我想你也一样。你不会浪费任何时间。对于有些开始读博士的人，我确信他们肯定喜欢这份学业，但学业占据了他们每一天的每一分钟，他们却不一定会产出成果。不过我觉得，你应该是非常专注的人。

丽莎　是的，我会工作，会写作，会阅读。我会为进行不同的活动安排不同的日子。我会规划好我的工作方式。我会有专门用于学习的日子，也会有专门用于工作的日子，就这样让它运行起来。实际上，现在我的大部分工作都在线上进行，这点确实有助于我更好地运作我的工作模式，这也是隔离带来的变化。

布奇　我真的很羡慕你能开始这段旅程。我是说，这对你来说应该不算“开始”，因为显然你有一些基础——基于你已完成的工作，但你能有这个机会……哇，我太为你而兴奋了。我之前在播客里采访过一个名叫基拉（Kira）的女孩，她刚从泽西岛的照护中心离开，哪天我把播客发出来你就能听到了。我想她有朝一日会成为泽西岛的儿童服务主管。她计划来英格兰学习社会工作，努力提升自我。

她发现这个计划颇具挑战性，因为她这样的孩子几乎没什么希望去英国本土[1]念书，她没地方住，也不知道那些很实际的问题怎么解决，比如说她没有家的时候东西应该放在哪里，因为她在英国本土的居住状态并不稳定，有时还会回到家乡。她会面对很多问题，但我真的很确定，因为我很想要尽我所能帮助她，只要她的梦想始终如一，我相信它一定能实现。

那么，你会给她什么建议呢？因为在我看来，她在许多方面可能都像18岁的你一样，我不知道……

丽莎 是的，她在为自己考虑，我喜欢她这一点。我就没为自己考虑过太多。我只会想着“我要走了，这就是我要做的事”。

布奇 的确如此。

丽莎 我想对她说，无论你想成为什么，你真正需要做的就是一直想着它，思考它。

布奇 对。

丽莎 如果你觉得那就是你自己想要成为的样子，那是你想象力的边界所在，它带你找到那个目标，那你最终就会成为那个样子。

布奇 哇哦。你觉不觉得……因为显然她走的这条路是，从一个被照护的孩子成为进入这个系统的工作人员……我是说，这和你的抱负很相似，而她进入的系统与你在职业生涯初期进入的是不同的。但是你认为她会觉得这样的选择是有成就感的吗？这条路对她来说可能很不错，还是你会觉得

[1] 泽西岛虽属英国皇家属地，但并非英国本土的一部分。——译注

“你知道吗，也许做其他的工作会更好”？

丽莎 谁知道呢？谁又能知道呢？我的意思是，我的职业生涯一直很不错，并且还有很多可以发展的地方。这话听起来像老人说的话。但是啊，这真的很难，不是吗？你知道的，如果你能追随自己的激情，就永远都不会觉得自己其实是在工作——如果她真的有这个动力的话。我们并不是试图逃避这一切。到最后，我会遍尝这一切。之前，我曾接受过整体疗法的培训，最初打算从事那方面的工作，之后又被如今的行业所吸引。如今我明白，离开这份工作是不可能的选择。这将是我余生的事业，是我的心所在的地方。如果你追随内心深处的热情去工作，那它就不再是工作，这就是我想对她说的。从某种程度上说，对错并不重要，重要的是你从心出发去做一些事情。我们之前提到过尤妮斯。她经常对我说，没有什么意外的，我就是我，那个她遇见的15、16岁的我。这让我感到非常温暖、幸福，因为这意味着，尽管经历了种种困难，我仍然成了我理应成为的人。

布奇 是的。你想给别人留下什么呢？你想用什么话来结束我们的对话？

丽莎 我想说，你要记住自己有多么了不起。你只要记住，你很棒，你要追随内心的渴望，去做一生中想做的事。紧跟内心深处的想法，你一定会完成你注定要做的事。